Samuel Hahnemann
Samuel Hahnemann

Ravi Roy
Carola Lage-Roy

Forschungsskripten

Supervisionsprotokolle
über zwei Jahre

Band 1

Lage & Roy

Impressum
Ravi Roy und Carola Lage-Roy
»Forschungsskripten« Band 1

Hörnleweg 36, 82418 Murnau
Tel.: 08841/4455; Fax: 08841/4298
1. Auflage Juni 1998

ISBN: 3-929108-80-1

Inhaltsverzeichnis

Vorwort

Die Protokolle der Forschungsskripten wurden vom 4.10.1989 bis Ende Dezember 1991 geführt. Auf vielfachen Wunsch der Kursteilnehmer entstand die Idee, einen Supervisionskreis zu bilden, um in der Praxis immer wieder auftauchende Fragen und Probleme darstellen zu können und praktische Hinweise und Antworten zu erhalten. Wir trafen uns 49mal, wobei die Protokolle der Treffen von uns anschließend bearbeitet und dokumentiert wurden. Die Teilnehmer stellten ihre schwierigen Fälle zum Besprechen vor oder erbaten für sich selbst Hilfe. Manchmal wurden auch bei Patienten der Teilnehmer Life-Anamnesen im Kreis vorgenommen und Repertorisationen durchgeführt. Wir bemühten uns, die Weiterbehandlungen über einen längeren Zeitraum gut zu verfolgen. Bei der Besprechung tauchten oft zahlreiche Fragen auf, die sehr interessante Aspekte und Perspektiven aufwarfen. Am Ende der jeweiligen Treffen wurde immer auf allgemeine Fragen und Probleme eingegangen.

In diesen Forschungsskripten geht es nicht darum, Erfolgsgeschichten im herkömmlichen Sinne zu erzählen, sondern wie es in der tagtäglichen homöopathischen Praxis vor sich geht. Mit diesem Buch möchten wir einen Einblick in die Vorgehensweise der homöopathischen Behandlung vermitteln, Unterschiede und Ähnlichkeiten der Mittel vergleichen und die Wesen der Mittel näher vorstellen. Gerade für einen Anfänger ist es oft nicht einfach, sich in dem unendlichen Wissensschatz der Homöopathie zurechtzufinden und neben manchen sensationellen Heilungserfolgen stellen sich auch Fehlschläge und Ungeduld über das langsame Vorankommen ein. Die vorliegenden Informationen lagen bisher nur in Skriptenform vor und haben schon vielen Therapeuten Mut gemacht, die Homöopathie wirklich erlernen zu wollen – nach dem Motto: "Es ist noch kein Meister vom Himmel gefallen!"
Anhand der Fallbesprechungen können Sie sich mit der Theorie und Praxis der Homöopathie vertraut machen. Es sind die kleinen Erfolge, das Stückchenweise vorankommen und sich langsam, aber sicher eine stabile Basis zu erarbeiten, was Freude bereitet und Hoffnung schafft. Wir können einem Menschen nur so lange und so weit begleiten, wie er es möchte. Dabei sind wir uns immer bewußt, daß wir selber auf dem gleichen Weg sind, nur in einer anderen Position.

Nun haben sehr viele Menschen – Therapeuten, Patienten, Schüler, Freunde und Bekannte – über die zwei Jahre gemeinsam einen Weg beschritten und einen Nachlaß geschaffen, der anderen wegweisend und sehr behilflich sein kann.

Wir möchten allen herzlich danken, die in irgendeiner Weise an dem Entstehen dieses Werkes beteiligt waren. Wir haben für dieses Buch die Protokolle völlig neu überarbeitet und gestaltet. Die Folgebehandlungen zu jedem einzelnen Fall sind jetzt chronologisch zusammengestellt mit allen Besprechungen und Fragen, die in Bezug auf den Fall gestellt wurden. Es werden immer die neuen Fällen bei einem Treffen zusammengefaßt und am Ende wird die Fragestunde an diesem Tag angehängt, z.B. beim ersten Treffen am 4. Oktober 1989 wurden vier Fälle besprochen, daher ist die erste Fragestunde nach dem vierten Fall. Am 11. Oktober 1989 wurden die neuen Fälle 5-14 durchgenommen usw.

Für das Buch sind viele ergänzende Erklärungen und Informationen hinzugefügt und besser formuliert worden, ohne daß der Charakter der Protokolle aufgegeben wurde. Wir haben versucht, so wenig wie möglich an Abkürzungen und Zeichen zu benutzen, die in der Homöopathie einen festen Platz haben. Aber auf einige wollten wir nicht verzichten:

> heißt Besserung (auch durch)
< heißt Verschlimmerung (auch durch)
= heißt verursacht
gtt = guttae, Tropfen

Zusätzlich haben wir unsere Ergänzungen zum Repertorium, dem einzigen im Kreis verwendeten Buch, die aus Erfahrungen unserer Praxis entstanden sind, in die Mitschriften eingebracht. Diese Zeichen, die nach einem Mittel stehen, bedeuten:

(- -)	eine Vermutung
(-)	hat sich ein paarmal bestätigt, bedarf aber weiterer Beobachtung
(+)	hat sich immer wieder bestätigt
(+ +)	hat sich sehr gut in der Praxis bewährt

Wir wünschen Ihnen viele kleine und große Erfolge und viel Spaß mit der Homöopathie und diesem Buch.

Ravi Roy und Carola Lage-Roy

Herr P., 28 Jahre

Schuppenflechte

Herr P. erhielt als Kind die Pocken- und Polioimpfung. Er wurde mit sechs Monaten wegen Diphtherie-Verdachts für zwei Wochen ins Krankenhaus eingeliefert. Hatte als Kind Masern und Windpokken. Hat von Kindheit an sehr große Mandeln. *Vorgeschichte*

Als er mit fünf Jahren in den Kindergarten kam, begann die Hautallergie: geschwollene Beine mit lauter kleinen wässerigen Bläschen, sehr schlimm, konnte nicht mehr richtig gehen. Behandlung durch eine Heilpraktikerin besserte. *Beginn der Hautallergie*
Mit zehn Jahren trat Neurodermitis auf, rote Flecken am Unterarm, verging von selbst wieder nach zwei bis drei Jahren.
Mit 23 Jahren Besuch der Meisterschule. Das Augenzucken trat wieder sehr stark auf. Behandlung durch Heilpraktiker besserte wieder.
Im Frühjahr 1987, nach Trennung von seiner Freundin, begann sich die Schuppenflechte in zunehmendem Maße über den ganzen Körper auszubreiten. Behandlung mittels Salben und Bestrahlungen besserte kurzzeitig, verschlimmerte aber den Gesamtzustand immer mehr. *Salbenbehandlung Allgemeinzustand*

Spätherbst 1987
Behandlung durch Homöopathin mit Sulfur D6. Die Behandlung war sehr erfolgreich. Schuppenflechte heilte bis zum Jahresende ab. Heute sind nur noch vereinzelte Flecken und Rötungen da. Er selbst fühlte sich im Laufe der Behandlung zunehmend in einem besseren Zustand. *nur noch vereinzelt Psoriasisbefall, als er die Behandlung beginnt*
Insgesamt interessierte er sich für alles. Er wird eher am Abend aktiv. Ansonsten kann er sich über gar nichts beklagen. "Hauptsache, die Schuppenflechte ist weg", sagt er.

Mitte April 1988
Starke Halsschmerzen. Beim Schlucken stechende Schmerzen. Hals insgesamt geschwollen. Nase verstopft. Ist vor ein paar Tagen im Regen naß geworden und hat jetzt einen Schnupfen. *Erkältung weg mit Rhus-tox.*
Rhus-Tox. C12 hilft schnell.

12.7.1988
An beiden Ellbogen und Knien beginnt die Schuppenflechte wieder. Starke Hautrötung, Haut schuppig, juckt nicht.
Nachts schwitzt er stark, deckt sich teilweise ab, Füße brennen. Trinkt morgens Kaffee, läßt ihn jedoch kalt werden, bevor er ihn trinkt. Ist sehr reizbar.

Psoriasis besser mit Sulfur, welches wieder Schnupfen herausbringt

- **SULFUR LM30**

Am dritten Tag Schnupfen bekommen und Mittel abgesetzt. Doch er fühlt sich wieder aktiver, offener, aufgeweckter. Schuppenflechte im Laufe der nächsten Tage etwas besser geworden.

Anfang August 1988
Schuppenflechte am Ellbogen, Unterarm und Schienbein wieder schlimm.

- **SULFUR LM30**

Ab dem dritten Tag der Einnahme wird Hautausschlag besser. Er fühlt sich wieder sehr gut. Macht wieder einen insgesamt aufgeweckten Eindruck. Nach einer Woche abgesetzt.

11.10.1988

Doppelsehen Augenzucken

starker Juckreiz am Kopf

Durch die Anforderungen im Betrieb fühlt er sich überfordert und nervös. Zuckt mit den Augen, hat nach Anstrengung Augenschmerz, fühlt sich wie ein Brennen an, sieht zeitweise Dinge doppelt. Geht am Abend gerne fort und fühlt sich dabei wohl. Am Kopf hat er ein starkes Jucken und Brennen, er könnte sich die Kopfhaut runterkratzen. Ausschlag am Ellbogen und Knie wieder auffallender.

- **AGARICUS LM60**

Agaricus bessert Augenschmerzen und allgemein

Bekommt am zweiten Tag sehr starken Schnupfen, der sich bis Mittag bessert. Nimmt Mittel nochmals. Am dritten Tag beginnen starke, ziehende Schmerzen am Schienbein. Kann nicht mehr reden für drei Tage, es hat ihm die Stimme verschlagen. Hat aber keine Halsschmerzen. Fühlt sich dennoch immer sehr gut und arbeitet. Der Hautausschlag bessert sich unwesentlich. Doch die Augensymptomatik ist weg.

24.10.1988
Hat die ganze Nacht über stark und trocken gehustet und ist heute richtig verschnupft.

● **TUBERCULINUM C200,** eine Gabe
Fühlt sich bereits nach einer Stunde wesentlich besser, trotz Hitzegefühl und starkem Schweiß. Nase ist frei. Am Abend spürt er am ganzen Körper Wundheitsgefühl, Gliederschmerzen, Schlappheit. Doch nach zwei Stunden ist alles vorbei, und er kann gut schlafen. Am Morgen alles o.k. Nach einer Woche wässeriger Durchfall mit Bauchbeschwerden. Starker Fließschnupfen, wässeriges Sekret. Beim Husten hellgrüner bis grüner Schleim, der sich leicht löst. Nach einem Tag ist alles vorbei. Schuppenflechte insgesamt besser. Nur noch Hautrötungen an den besagten Stellen, wie Ellenbogen, Unterarm, Knie und Unterschenkel.

Tuberculinum bessert Erkältung und Psoriasis

2.11.1988
Am Nachmittag sehr rotes Gesicht. Gegen 21 Uhr bekommt er 39°C Fieber. Fühlt sich sehr schlapp, kann nicht schlafen.

3.11.1988
Am Morgen 39,5° Fieber. Hat sehr stark geschwitzt, kann nicht aufstehen. Jede Bewegung schmerzt. Ruhe tut ihm am besten, bleibt liegen. Starke Schmerzen im Rücken. Kein Durst und Hunger. Gegen 19 Uhr 40° Fieber. Harter, schneller Puls, kurze rasche Atmung, Kopf sehr heiß und rot, besonders Wangen rot, ist schweißbedeckt, hat einen trockenen, stechenden Husten, entzündete Mandeln (besonders die linke schmerzt), sehr trockene, rissige Lippen, Zunge weiß belegt.

Bewegung verschlimmert

Stiche beim Husten

● **BRYONIA C200**
Nach einer Stunde 38,8 °C Fieber. Schweiß weg, Gesicht nicht mehr so rot, ruhigere Atmung, schläft von 22 Uhr bis 8 Uhr durch.

4.11.1988
Fließschnupfen ab Mittag, starke Kopfschmerzen bei jeder Bewegung, Husten locker mit Schleimabgang. Gegen 14 Uhr wieder 40 °C Fieber. BRYONIA hilft nicht weiter.

Sulfur wegen erneutem Fieberschub

● **SULFUR C200,** vier Tage jeden Morgen einen Schluck
Stetige Besserung, Ausschlag wird besser.

14.11.1988
Keine Besserung der Schuppenflechte, fühlt sich jedoch wieder ganz gut und aktiv.

Besserung der Psoriasis mit Sulfur

● **SULFUR C1000**, täglich bis zum 20.11.

April 1989
Schuppenflechte ist wieder etwas schlimmer geworden, Rötung stärker, Haut ist schuppig.
● **Sulfur LM120**
Ausschlag wird wieder etwas besser, er ist nach vier Tagen sehr reizbar. Regt sich stark über Kleinigkeiten auf. Mittel wird abgesetzt.Möchte momentan nichts mehr nehmen, da er im Juni heiratet und Angst hat, daß eventuell der erwartete Rückschlag, nämlich eine Verschlimmerung der Schuppenflechte, auftreten kann. Ist mit dem Zustand zufrieden. Man sieht nichts, und er spürt auch nichts.

Ausschlag und Schulterschmerz

12.6.1989
Herr P. fühlt sich insgesamt sehr gut, hat nichts zu beklagen. Doch Ausschlag wieder schlimmer, d.h. er ist jetzt weiß-schuppig, trokken. Hat starke brennende Schmerzen in der rechten Schulter und ein Zucken, Zittern im rechten Oberarm.
● **Arsen LM30**
Schulterschmerz ist am nächsten Tag weg.

Besserung mit Arsen

Der Ausschlag besserte sich, d. h. die Schuppen gehen im Laufe der Tage weg. Die Haut bleibt leicht gerötet. (Mittel eine Woche genommen.)

5.9.1989
Der Ausschlag ist wieder schlimmer. An beiden Ellenbogen und Knien weiß-schuppig, auch hinter dem Ohr. Am Unterschenkel jetzt wieder mehrere einzelne Punkte, Rötungen wie am Anfang der Schuppenflechte. Die Stellen jucken nicht, keinerlei Empfindung. Der Ausschlag stört ihn aber sehr. Er sagt, er möchte ihn endlich weghaben.
Wird eher am Abend munter, steht jedoch am Morgen leicht auf und fühlt sich nicht müde. Ißt in letzter Zeit wieder zu viel und hat Übergewicht. Nach wie vor Verlangen nach Kaffee am Morgen, trinkt lieber alles kalt, auch das Essen läßt er kalt werden. Er ißt sehr gerne Wurst und Fleisch, aber auch Gemüse und Salat.
In letzter Zeit hat er Sodbrennen, besonders beim Autofahren.
Vor einem Jahr ist wieder aufgetreten, was er früher auch hatte, er bekommt leicht Nasenbluten, doch nach dem Blutspenden verschwindet es für etwa drei Monate, dann wieder des öfteren Nasenbluten, bis er wieder zum Blutspenden geht. Probleme hat er in

den Gelenken, vor allem in den Knien und Knöcheln knackst es, die Knie tun weh, wenn er zuviel arbeitet, z.B. schweres Tragen, Knien und Aufstehen usw. Doch der Schmerz ist nicht mehr so schlimm wie früher.

Fragen zu dem Fall:
Was blockiert die Wirkung? – Warum heilt ARSEN nicht aus? – Es bleibt immer diese latente Form von Hautrötung zurück. Der Patient erzählt nichts von sich, erklärt immer: "Schau, die Schuppenflechte wird wieder schlechter!"
CALCIUM-CARB.sollte gegeben werden.Begründung: Er habe einiges vom Calcium-Geistigen, wie z.B. hätte immer zu Hause gewohnt, und sei erst bei der Heirat ausgezogen. Konstitution beleibt, aber sehr kräftig! Gesicht blaß, tiefliegende Augen. Ausschlag hinterm Ohr.

Antwort:
Arsen paßte nur zum akuten Zustand.
Es geht um die Weiterbehandlung. SULFUR hat die Erkältungsanfälligkeit und das Allgemeinbefinden gebessert. Aber jetzt ist ein neues Mittel erforderlich. SULFUR in höherer Potenz wird erfahrungsgemäß den Fall auch nicht weiterbringen, da es ihn immer nur in die latente Form zurückzubringen vermag. Später kann SULFUR sicher wieder erforderlich sein.

Antimiasmatische Weiterbehandlung mit Tuberculinum wird empfohlen

Aus der Krankengeschichte sehen wir, daß er einmal eine Gabe TUBERCULINUM BOVINUM C200 bekam, woraufhin es ihm allgemein und hautmäßig gut ging.
Es wird eine Zeitlang TUB-BOV. LM120, zwei Tropfen alle drei Tage, empfohlen, bevor CALCIUM eingesetzt wird.

Fortsetzung 1 (Zwischenbericht)
8.11.1989
Nachdem eine Weile TUB-BOV. gegeben wurde, um das Miasma zu bearbeiten, stellte sich eine allgemeine Besserung ein. Da die Gelenkschmerzen langsam in den Vordergrund traten, wurde CALCIUM eingesetzt. Mit CALCIUM LM30 verschwanden die Gelenkschmerzen nach sieben Tagen. Er hatte einen typischen CALC.-Schnupfen, der sich seit dem Hautausschlag leicht gebessert hat; die Schienbeinrötung ist besser geworden, die Rötung unter der Schuppung ebenfalls; die Schuppen sind großflächiger geworden.

Besprechung
Da keine neuen Symptome aufgetreten sind, soll mit Calc. weiterbehandelt werden.

Fortsetzung 2
13.12.1989
Dieser Fall demonstriert uns einen positiven Behandlungsverlauf mit nur einem Mittel sehr deutlich.
Ab 18.10.1989
● **Calcium-carb. LM30,** täglich 3 Tropfen auf Wasser
Bemerkung: Manche Patienten werden nach Calcium abends schneller müde und gehen früher ins Bett. Der Schlaf wird erquicklicher. Denken Sie auch an Kinder, die nicht ins Bett wollen.

Schlaf unerquicklich

28.10.1989
Mittel abgesetzt. Schnupfen mit Nasenbluten hat gestern eingesetzt. Heute wunde Nasenflügel, fühlt in der Nasenwurzel eine Verstopfung, aber Sekretabgang ist möglich. Obwohl verschnupft, befindet sich der Patient in guter Verfassung.
Rückblick: Nach der Mitteleinnahme bemerkte der Patient, daß er insgesamt ruhiger geworden ist. Das ist für ihn sehr selten, jetzt bleibt er am Abend eher zu Hause; sogar am Wochenende genießt er das Daheimbleiben, um zu arbeiten, genauso wie früher das Weggehen. Er wirkt insgesamt ruhiger. Am Arbeitsplatz zeigt er viel mehr Gelassenheit. Die seit Jahren bestehenden Knie- und Knöchelschmerzen sind viel besser geworden. Momentan spürt er gar nichts. Die Psoriasis ist nicht mehr so gerötet. Der Ausschlag ist von großen Schuppen bedeckt. Beim Reiben und Kratzen blättert die Haut großschuppig ab. Der im Sommer neu aufgetretene gerötete Ausschlag am Schienbein ist verschwunden.

3.11.1989
Der Schnupfen ist vorbei und Herr P. fühlt sich sehr gut. Die Gelenkschmerzen sind nicht mehr aufgetreten. Der Patient glaubt, daß die Schuppenflechte insgesamt um etwa 5 % besser geworden ist.

16.11.1989
Atemnot beim Bergsteigen

Der Patient bekam gestern beim Bergsteigen keine Luft mehr und hatte eine richtig pfeifende Atmung. Ein trockener Husten setzte ein, wobei seit heute leichter Auswurf besteht. Nachmittags enorm starker grün-gelber Auswurf; beim Husten stechende Schmerzen

vom Brustbein bis zu den Lendenwirbeln. Abends lassen die Schmerzen etwas nach.
Der Ausschlag zeigt eine stetige, langsame Besserung. Unter den pergamentartigen Schuppen ist die Haut nicht mehr gerötet. Die chronisch vorbehandelte Fläche ist nicht reduziert worden. Der Patient nimmt keine Notiz mehr von der Psoriasis. Untertags erledigt er seine Arbeit problemlos, fühlt sich jedoch abends immer sehr müde.
Auffallend ist ein Psoriasisherd hinter dem rechten Ohr, den er bisher nie erwähnt hatte und der von ihm stets wundgekratzt wurde; dieser ist wesentlich besser geworden.

ab 22.11.1989
● **CALCIUM-CARB. LM 30,** täglich 2 Tropfen auf Wasser.

4.12.1989
Der Herd hinter dem rechten Ohr ist fast ganz abgeheilt. Am Knie große Schuppen; am Ellenbogen weniger, aber die Haut ist gerötet (vielleicht hat er viel gerieben?). Die linke Seite, besonders der Ellenbogen, ist nur noch punktförmig befallen. Die Schuppen lassen sich nicht mehr leicht abreiben oder wegkratzen. Sie scheinen mit der Unterhaut verwachsen zu sein.
Die Atmung geht erstaunlich leicht, er bekommt wieder richtig Luft. Außerdem ist Herrn P. aufgefallen, daß ihm die Knie nicht mehr wegsacken, so wie dies früher oft der Fall war. Zurück bleibt noch ein Geräusch wie Sandknirschen im Knie, z.B. beim Treppensteigen. Er hat aber keinerlei Schmerzen oder Probleme.
Im Moment fühlt sich der Patient sehr gut und hat wieder Auftrieb, Energie und Unternehmungslust; sozusagen psychisch wie physisch steckt er voller Aktivität. Die Weiterbehandlung mit
● **CALCIUM-CARB. LM 60,** 2 Tropfen täglich, führte zu einer stetigen Besserung, und mit CALCIUM-CARB. konnte der Fall abgeschlossen werden.

Frage:
Kann man LYCOPODIUM nach SULFUR geben?

Antwort:
Diese Frage wird immer wieder gestellt. *Kent* sagt, man darf nur in der Reihenfolge SULFUR - CALCIUM - LYCOPODIUM geben. Nun gibt es

Symptome und Similia-Prinzip sind immer zu beachten

einerseits bestimmte Menschen, die dieser Reihenfolge grundsätzlich bedürfen, andererseits kann jeder für eine Weile in diesen Arzneimittelzustand geraten. Dann sind aber die Symptome für diese Mittel deutlich vorhanden, d.h. nachdem eine Weile Sulfur gegeben wurde, erscheint Calcium, und dann meldet sich Lycopodium, wonach wieder Sulfur an die Reihe kommen kann. Wenn aber nach Sulfur deutlich ein Lycopodium-Zustand zu erkennen ist, ohne irgendeine Spur von Calcium, dann gibt es kein homöopathisches Prinzip, was gegen die Verordnung von Lycopodium spricht.

Feindliche Mittelbeziehungen

Was geschieht, wenn Sulfur nach Calcium gegeben wird, wenn feindliche Mittel nacheinander folgen?
Hier ist zu klären, was Calcium bzw. das verordnete Mittel gebracht hat. War Calcium z.B. das falsche Mittel, dann zeigte es keine Wirkung. Verschlechterte es den Zustand, oder brachte es Prüfungssymptome, dann hat Sulfur etc. keine feindliche Wirkung.
Wenn nur Calcium etc. eine tiefgehende konstitutionelle Wirkung hat, bei der der Mensch sich im wesentlichen positiv ändert, kommt es zu einer feindlichen Wirkung bei Sulfur etc. als Folgemittel. Dies gilt für alle feindlichen Mittelbeziehungen.

Herr H.
Schuppenflechte

30.8.1989
Herr H. leidet seit seiner Kindheit an Herpesblasen an der Oberlippe und im Mund. Er wird jedesmal bei deren Auftreten unausstehlich und hat schlechte Laune. Er fühlt sich unsicher und mißtrauisch anderen Leuten gegenüber. Eine Lehre als Einzelhandelskaufmann hat er vor kurzem abgeschlossen und soll nun das Lebensmittelgeschäft seiner Eltern übernehmen. Dazu fühlt er sich im Moment nicht in der Lage. Wenn sich im Laden zwei Menschen miteinander unterhalten, denkt er sofort, sie reden schlecht über ihn. Schon beim Anblick von zwei Personen, die miteinander reden, verkrampft er sich. Trinkt gerne Alkohol (Bier, Wein), wenn es ihm schlecht geht. Hat dann keinen Halt mehr, alles erscheint ihm sinnlos.

Herpes an der Lippe

glaubt, die Leute reden schlecht über ihn

Er verkrampft sich und kann nichts mehr selbständig tun. Wenn jemand auf ihn zukommt, fühlt er sich sofort herausgefordert. Selbst wenn derjenige freundlich ist, verdreht er alles, was der andere zu ihm sagt, ins Gegenteil.

Beispiele: Jemand sprach ihn im Laden auf umweltfreundliche Produkte und auf naturbewußte Ernährung an – er selbst redet dann plötzlich von Coca Cola und Marlboro und wie toll er diese Werbung finde. Eine solche Unterhaltung strengt ihn sehr an. Er fühlt sich dann alleingelassen, möchte aber darüber reden, kann dies teilweise auch, doch das Gespräch geht weiter, und er kann die zwanghaften provozierenden Antworten nicht abschalten. Im Laufe der Unterhaltung verkrampft er sich zunehmend und wird aggressiv, sieht alles verdreht und kann kein freundliches Wort annehmen. Meist reagiert er dann unverschämt, z.B. seiner Mutter gegenüber, oder er jammert und nörgelt.

redet gegen seine eigene Überzeugung

widersprüchliches Verhalten

Er schildert, wie er einen Fahrradständer schön angemalt habe und ihn dann abends wieder zersägte. Wenn er abends eine Flasche Wein getrunken hat, kann er am anderen Tag nicht arbeiten. Er kann sich nicht wehren. Er hat Schwierigkeiten nach außen hin zu vertreten, daß er sich in ein gemachtes Nest setzt (das Lebensmittelgeschäft seiner Eltern), während andere Leute sich mühsam selbst etwas aufbauen müssen. An anderen Arbeitsstellen konnte er es

nicht aushalten, da er mehr Anerkennung, Verständnis und Liebe brauchte. Die Leute sollten sich mehr für ihn interessieren.
Es ist auch ein Problem für ihn, daß er keine Freundin hat. Er ist nicht kontaktfreudig, der andere muß den ersten Schritt machen. Er kann nicht spontan auf Menschen, auch Bekannte, zugehen. Wenn er jemand provoziert hat, tut es ihm leid, er fühlt sich dann ohnmächtig, fühlt sich unfähig, etwas zu erreichen, und kommt sich minderwertig vor. Es kommt zu keiner Verständigung. Er stellt Vergleiche mit anderen an, mißt sich mit anderen und fühlt sich von diesen angegriffen aufgrund seiner eigenen Unfähigkeit und seines Mißerfolges. In solchen Situationen zieht er sich zurück, hat keinen Kontakt zur Außenwelt, sinnlose Gedanken kommen hervor, alles ist leer und ohne Sinn, er verkrampft sich, will ausbrechen, schlafen und denkt auch daran, sich das Leben zu nehmen. Er kapselt sich immer mehr ab, wird nervös und kribbelig, wenn er keinen Alkohol bekommt. Er wünscht, daß sich jemand um ihn kümmert, doch er kann die Zuwendung nur von seinem Vater annehmen.

provokativ und voller Selbstmitleid

Lebensüberdruß mit Verlangen nach Alkohol

Seit acht Jahren Schuppenflechte am Hinterkopf.
Die Augen sind sehr empfindlich auf Tageslicht, er kneift sie zu und schaut meist auf den Boden. Er hat wenig Appetit, jedoch Verlangen nach Schokolade und Süßigkeiten. Er trinkt gerne Brottrunk, Sauermilch, Bier und Weißbier.
In den Augen hat er immer wieder grünliche Absonderungen. Die Augen jucken.

Ordnen der Symptome:
– Mangel an Selbstvertrauen
– Mißtrauisch
– Innere Ruhelosigkeit
– Unzufrieden mit sich selbst
– Schüchtern / verschämt - scheu
– Tadelt andere
– Herausfordernd - trotzig
– Gefühl der Verlassenheit
– Kummer
– Neigung zu widersprechen
– Beleidigend
– Photophobie - Tageslicht
– Absonderung von grünem Schleim aus dem Auge
– Verlangen nach Süßigkeiten und Alkohol

Nach der Repertorisation kamen folgende Mittel in die nähere Auswahl:
LYC., MERC., AUR., ARS., SULF., SEP., PULS., NUX-V.
Nach dem Vergleich der Arzneimittelbilder erschien mir Aurum am passendsten zu sein.
- **AURUM LM30,** 1 x täglich zwei Tropfen

Am 21.9.1989 kommt Herr P. wieder und berichtet, daß sich nicht viel verändert habe. Es falle ihm jedoch leichter, morgens aufzustehen. Die Herpesblase unter seiner Nase habe sich zu einem Eiterpickel entwickelt. Außerdem würde er andere Menschen aus seinem Umfeld nicht mehr tadeln.

morgens jetzt ausgeschlafen

Tadelsucht weg

Es fällt mir auf, daß er sehr unkonzentriert ist, meine Fragen kaum beantworten kann, da es ihm nach eigenen Aussagen schwerfalle, sich darauf zu konzentrieren. Er sagt mir deutlich, daß er zu mir kommt, um von seinen Herpesblasen und seiner Schuppenflechte geheilt zu werden. Teilweise gibt er keine Antwort auf meine Frage und wirkt richtig abwesend.
- **LYCOPODIUM LM18,** 1 x täglich zwei Tropfen

Unkonzentriertheit Herpes

Besprechung
Bei der Falldarstellung geht es darum, die Behandlungsrichtlinien festzulegen. Die Wirkung von AURUM war nicht unwesentlich in der kurzen Dauer der Einnahme, aber sein momentaner Zustand verlangt ein anderes Mittel – einmal vom Geistigen her und einmal von den Herpesblasen, die jetzt vereitert sind.
Da Herr P. schon genügend Lycopodiumzüge in der Erstanamnese zeigte, LYCOPODIUM im allgemeinen Herpesblasen hat, die vereitern können, und auch den momentanen geistigen Zustand allgemein erfaßt, warten wir die Wirkung von **LYCOPODIUM** ab.

Lycopodium

Im Laufe der Behandlung wird dieser Patient BARIUM-CARBONICUM brauchen. Schon am Anfang der Anamnese sind BARIUM CARBONICUM-Äußerungen vorhanden: Die Leute würden schlecht über ihn reden – er verkrampft sich und kann nichts mehr selbständig tun.

Folgemittel Barium carb.

Frage:
Kommt nicht auch VERATRUM ALBUM in Frage?.

Antwort:
Dieses Verdrehen von allem ins Gegenteil paßt zu VERAT. – er stellt sich ja gegen alles. Es stimmt schon, daß VERAT. exzentrisch ist und nichts vom Konventionellen hält. Herr P. ist auch irgendwie getrieben, eine andere Stellungnahme einzunehmen, und bringt immer wieder den Mut auf, sich auffällig zu äußern. Verat. ergreift einen entsprechenden Beruf (Komiker) oder bringt sich in eine Position oder macht sich einen Namen; z.B. schneidet er deinen Schlips ab, weil er ihn blöd findet, und du kannst nur mitlachen.
Aber wir brauchen mehr Beispiele von diesem Verdrehen, sich Dagegenstellen usw., um die Richtung genauer feststellen zu können.

Bei der Anamnese bringen viele Beispiele Klarheit

An dieser Stelle möchte ich betonen: SO VIELE BEISPIELE aus dem täglichen Leben eines Menschen WIE MÖGLICH FÜR EINEN CHARAKTERZUG BEI DER ANAMNESE HERAUSHOLEN! Es bringt immer mehr Klarheit.

Dies sehen wir an einem Verhalten von Herrn P., das im Text nicht erwähnt wurde: er setzt sich auf die Theke, um den Verkauf zu blockieren.
Das kann man zwar als exzentrisch bezeichnen, als auffällig und unkonventionell, aber wenn wir es näher betrachten, dann paßt es nicht zu VERATRUM. Es paßt ihm etwas nicht, er will es zeigen und ist bereit, über Leichen zu gehen, damit es ihm recht gemacht wird. Man wird das als boshaft bezeichnen (wir brauchen mehr Äußerungen des Patienten über dieses Verhalten, um mit Sicherheit die Mittelrichtung feststellen zu können). Hier können wir nur sagen, daß **TUBERCULINUM** auf jeden Fall in Betracht zu ziehen ist.

Exaltiertes Verhalten - Tuberkulinum

Wenn LYC. die gewünschte Wirkung bei den Herpesblasen nicht bringt, dann käme TUB. als wichtigstes Mittel in Frage, da es eine starke Wirkung auf Herpes an der Lippe hat.

Herr S., 61 Jahre
Asthma

2.10.1989

Magen- und Darmbeschwerden

– Gefühl, als ob Speisen stundenlang als saurer Brei im Magen liegen, nimmt dann Basenmittel oder *Silicea.* Sehr selten stößt der Magenbrei auf, kein Sodbrennen

– Einige Male im Jahr Erbrechen unverdauter Nahrung

– Am Mageneingang punktförmiger (1 DM-Stück großer) dumpfer, stechender Schmerz im Rippenbogendreieck
Diese Art von Beschwerde ist nicht oft vorhanden, bei vollwertiger Nahrung und bei Reizmittelkarenz gar nicht.

– Schiebt einen Bissen in den Mund, und dabei entsteht das Gefühl einer Ausdehnung im Bauchraum.
Das kommt bei allen Nahrungsmitteln, manchmal auch z.B. bei einem Schluck Wasser vor. Dieser Zustand der Ausdehnung bleibt beim Weiteressen bestehen. Eine halbe Stunde nach dem Essen dehnt sich der Magen weiter aus, auch nach oben, und erschwert die Atmung. Versucht dann aufrecht zu sitzen, verträgt Kleidung, vor allem enge, nicht mehr.
Wenn er abends ißt und danach ins Bett geht, muß er sich den Bauch halten, um den Druck zu mildern. Diese Beschwerde nimmt seit einem halben Jahr zu.

Trinken

– wenig Durst
– morgens nach dem Aufstehen ein Glas Wasser, da es gesund sein soll
– mittags und abends ein kleines Bier
– mag Bier und schwarzen Tee sehr gerne
– Wein nur in Gesellschaft - rot, alt, schwer

Lactose - Intoleranz, vermutlich schon immer

– Käse <
– Milch mag er gerne, doch sie < – auch Milchhaut
– Butter verträgt und ißt er auch
– Sauermilchprodukte ißt und trinkt er aus Vorsicht nicht

Folge von Milchprodukten

Durchfall - kurze Zeit nach deren Verzehr
– vorher aufgetriebenes Abdomen
– Stuhl breiig
– hellbraun, eher senffarben (hell)
– säuerlich riechend und übel stinkend

Allgemeine Unverträglichkeit

– Zwiebeln
– Gurken
– Kohl
– Sauerkraut mag er gerne, verträgt es jedoch nicht
– Kartoffelsalat mag er gerne, verträgt ihn jedoch nicht
– Fett, meint er, nicht zu vertragen
Fettgeschmack im Mund reizt zum Erbrechen
– früher viel Süßigkeiten gegessen, verträgt sie nicht mehr
Heute noch Verlangen, wird aber größtenteils mit Disziplin unterdrückt: Manchmal ißt er doch etwas Süßes, z. B. Schokolade, verträgt sie aber nicht
Folge:
– Stuhl anfänglich geformt, dann breiig
– oder erster Stuhl geformt, zweiter Suhl etwas später breiig

Verlangen

– Fleisch gern, besonders rohes
– Fisch
– Nudeln
– Kartoffeln
– "Körnerküchle", Pfannkuchen, z.B. mit Buchweizenmehl

Schlaf

– schläft gut ein, sofort - nach dem Beischlaf!
– wacht um 7.30 Uhr auf und steht gleich auf

Träume

– hat keine Erinnerung, meint jedoch, daß er in Fortsetzungen träumt

Aufwachen

– hat das Gefühl, im Schlaf geistig gearbeitet zu haben
– Gefühl im Kopf wie nach konzentrierter, geistiger Anstrengung
Kopf wie ausgedehnt, voll, warm und heiß
– hat das Gefühl, lange auf der rechten Seite, auf der Schulter, geschlafen zu haben

– Wasser lassen nach dem Aufstehen
– eine halbe Stunde später Stuhlgang

Allgemeines

– niedriger Blutdruck
– fühlt sich abends nach 20 Uhr wohler
– ißt auch abends gerne

Geist

– Schwierigkeiten mit dem Kurzzeitgedächtnis, kann sich schwer an zurückliegende Dinge erinnern

Mund

– seit 1988 extremes Gefühl der Trockenheit am Gaumendach und im oberen Mundbereich
– keine Besserung durch Trinken
– Die Trockenkeit ist aber sehr viel besser geworden
– versucht mit der Zunge diesen Bereich anzufeuchten
– trotzdem nimmt er beim Reden mit anderen Abstand, da Aussprache feucht und sprühend

Lunge Bronchien

Asthma bronchiale - Beginn ca. 1980
Vorgeschichte:
– erhöhte Neigung zu grippalen Infekten
– 1944/45 wegen beginnender Lungen-TBC Aufenthalt im Sanatorium Wangen
– 1952/53 Aufenthalt in Davos
– Bandscheibenbeschwerden, besonders im HWS-Bereich
– nach länger anhaltendem Husten, Beginn des Asthma bronchiale

– Tagsüber relativ guter Zustand
– Abends nach dem Zubettgehen nach kurzem Liegen Hustenanfälle mit extrem fliegendem Atem, daraufhin stark zunehmende Atemtätigkeit.
– Mußte sich aufsetzen und panikartig aus dem Bett nach unten in die Wohnstube fliehen. Dort setzte er sich entweder auf die Sofakante, Hände seitlich aufgestützt und Oberkörper nach vorne gebeugt oder kniete am Boden, den Oberkörper zusammengekrümmt, hustete unaufhörlich mit immer schneller werdendem Atem. Danach war er total ermattet.
– Kehrte extrem langsam zurück ins Notbett (aufgerichtete, nicht sitzende Position), im Notbett etwas Besserung.

Bisherige Behandlung

– Verschlimmerung zwischen 1-3 Uhr nachts;
– kaum Schleimauswurf, obwohl Lungen total verschleimt;
– Auswurf gelb-grün, extrem zäh; Zustand nach Auswurf etwas besser, doch allgemein war er sehr geschwächt.
– Konnte nicht mehr Treppen steigen, deshalb Notbett im Erdgeschoß.
– War derart geschwächt, daß er zwischen den Anfällen nicht einmal mehr Wasser trinken konnte.
– Herr S. sagt, er habe sich die Seele aus dem Leib gehustet!!

In dieser Zeit wurde er von einem anthroposophischen Arzt mit allen möglichen (und teuren!) Mitteln behandelt; dieser meinte, er müsse dieses Asthmaleiden ohne Cortison ertragen, um letztendlich Heilung zu erfahren. Es wurde jedoch schlimmer. Daraufhin wechselte er den Arzt.

Einweisung ins Krankenhaus: zwei bis drei Jahre lang Behandlung mit schulmedizinischen Methoden. Dadurch langsame, stetige Besserung (bis 95 %).
Schleim löste sich immer mehr.

Mitte August 1989
Etwas Husten mit leichter Verkrampfung in der Brust; leichter Auswurf von glasigem Schleim. Auslösung von Hustenreiz durch *Zahnpasta*.

Anfang September 1989
Husten wurde etwas stärker.
Kurzurlaub im Kleinen Walsertal - wollte seinen zwei Begleiterinnen so richtig seine Fitness beim Bergwandern zeigen: Nach kurzem Husten am Anfang der Wanderung ging es sehr gut, stolzgeschwellte Brust. Zwei Tage später starke Hustenanfälle, die ganze Nacht hindurch harter Husten mit Giemen. Wundes, offenes Gefühl entlang der Luftröhre nach unten. Kein Auswurf.

12.9.1989
Tags darauf konsultierte er den jungen, interessierten und aufgeschlossenen Dorfarzt, der ihm je einmal Euphillin und Cortison spritzte. Danach Husten gut. Starker Kopfschmerz in den Schläfen; Herzjagen.

Seither nimmt er Euphyllin bzw. Euphyllong® in fallender Dosis, zusätzlich bei Bedarf Sultanol®- Spray. Antibiotika und Sekrelytica werden noch nicht eingesetzt.

Nach dem Hustenanfall zog er sich beim Ausrutschen in der Duschwanne noch einem Muskelfaserriß zu, hat sich selbst ein bißchen mit Beinwell behandelt.

29.9.1989
Untersuchung nach Rückkehr aus dem Urlaub - Deutung des Asthmaanfalles von Herrn S. und Arzt:
Auslösung möglicherweise durch Infekt, evtl. auch durch hohe Ozonbelastung nach heißen Tagen vor dem Urlaub, sowie durch die Belastung im Hochgebirge (Ortswechsel, Druckunterschiede etc.)

Holzschutzmittelvergiftung

Vermutet als Auslöser Verwendung von *Holzschutzmittel* beim Hausneubau (ca. 1980)
Findet 1988 bei Urlaub in Frankreich Bestätigung: Nach ca. 48 Std. in einem Holzhaus Auftreten ähnlicher Symptomatik.
Allergische Reaktionen (Spasmen in der Brust), auch nach innerlicher oder äußerlicher Anwendung von *Olivenöl.*

2.10.1989

Status asthmaticus zum Zeitpunkt der Anamnese

Hustenanfälle sind dramatisch, alle fünf Minuten (während der dreistündigen Unterhaltung hustet er jedoch nur dreimal).
- Harter, trockener Husten mit lautem Giemen
- Scharfer, stechender Schmerz wie mit spitzem Stahl (Messer) die Luftröhre entlang
- Auswurf gelb-grün
- Keine Spasmen
- Kann nicht auf dem Rücken liegen (allg. auch nicht)
- Reden <
- Anstrengung < Hustenreiz
- Kalte Luft < schmerzhafter Husten
- Müdigkeit

Ist der Meinung, daß durch die verschiedenen schulmedizinischen Präparate, Spritzen, die Tabletten und die Sultanol-Schübe, der Zustand nur eingefroren würde - wenn er keine Medikamente nähme, ginge es wieder von vorne los.

Allgemeines

Als Chef gibt er sich ein bißchen weise - sarkastisch - prahlt - hat Disziplin - handelt extrem viel vom Kopf her und sehr überlegt - sehr, sehr höflich (tiefer Diener bei Begrüßung) - man sagt von ihm, er sei ein Frauenheld - geschieden - Freundin verließ ihn, nachdem das neue Haus fertiggebaut war - verneint energisch in irgendeiner Weise Zusamenhang zwischen Erkrankung und Trennung (nein! nein! nein!) - bringt alle Unterlagen, auch Rezepte mit - weiß vieles - entwickelt Theorien: denkt, Darm sei wichtiger als Lunge. Ist korrekt - umgibt sich im ganzen Büro mit Versteinerungen - Ärger mit Teilhaber - entdeckt ständig etwas Neues - doch nach kurzer Zeit verliert er das Interesse daran - findet dann wieder etwas Neues - feingliedrig - gut angezogen - sein Hund wurde überfahren.

Verordnung: Tuberkulinum LM 60 als akutes Mittel

Herr S. nahm **Tub-bov. LM60** viermal. Er hatte seither keinen Anfall mehr und hat seine Tabletten weggelassen. Herr S. meint, er könne das Spray auch bald weglassen. Er wirkt sehr überheblich; er sagt, wenn er böse wäre, dann würde er behaupten, das Mittel enthielte nur Wasser - er schätzt die Behandlung nicht richtig ein.

Besprechung

Die allgemeinen Unverträglichkeiten wiesen deutlich auf Lyc., die Verlangen bzw. Verträglichkeiten deutlich auf Tub.

Lycopodium als Konstitutionsmittel

Da sich momentan der Akutzustand langsam bessert, müssen wir nicht die akuten Asthmamittel geben, sondern können mit der chronischen Behandlung gleich anfangen. Da auch allgemein Lyc. angezeigt ist, kann die Behandlung mit **Lycopodium** fortgesetzt werden.

Auswirkungen von Holzschutzmitteln

Seine Beschwerden fingen vor etwa acht Jahren an, als er in ein Haus einzog, das stark mit Holzschutzmitteln gestrichen war. Er reagiert immer noch empfindlich auf das Gift. Es gibt Menschen, die schon beim Vorbeigehen in Entfernungen von über 50 m darauf reagieren, natürlich erst dann, wenn sie eine chronische Vergiftung haben.

Die Hauptsymptome sind die chronischen Atemtraktbeschwerden, Erkältungsneigung, von denen man sich schwer erholt, bis zu Asthma. Depressionen sind vorhanden, die als eine unerträgliche Schwere in der Brust empfunden werden. Der Patient kann sogar geistig und körperlich arbeitsunfähig werden.

Bei chronischen Vergiftungen ist ohne den Einsatz des potenzierten Giftes oft keine Heilung möglich. Manche Menschen reagieren gar nicht auf die angezeigten Mittel. Man setzt potenzierte Holzschutzmittel ein, wenn die Behandlung stockt. In anderen Fällen wird es gegeben, wenn keine eindeutigen Symptome für die Beschwerden vorhanden sind.

Holzschutzmittel-vergiftung

Die Holzschutzmittel waren damals alle auf PCP-Basis hergestellt. Heutzutage wird Chlor als Basis verwendet, und es heißt *Permetrin*, d.h. das Gift ist das gleiche.

potenzierte Holzschutzmittel als Blockadelöser

Wundheilung
Es wird eine Beobachtung vorgetragen. Eine tiefe Schnittwunde schloß sich nach der Gabe von STAPHISAGRIA zu schnell, man konnte förmlich zusehen. Trotzdem wurde die Wunde genäht, sie heilte allerdings dadurch schlecht, so daß es zur Narbenkeloidbildung kam.

Frage: Soll man bei solchen Wunden erst nach dem Nähen STAPHISAGRIA geben?
Antwort: Einzelbeobachtungen geben uns zu denken ('food for thought' sagt man auf englisch), aber erst zahllose Beobachtungen in verschiedenen Variationen lassen uns vorläufige Richtlinien festlegen.
Inwieweit spielt die Konstitution des Betreffenden die wichtigere Rolle als das akute Hauptmittel? Nach unseren Beobachtungen und den Aussagen der alten Homöopathen: Das Hauptverletzungsmittel bringt beim gesunden Gewebe schnelle und zuversichtliche Heilung. Schlechte Wundheilung kommt bei momentanen oder chronischen Anomalien des betreffenden Gewebes vor, d.h. durch die aktive miasmatische Belastung.

Bemerkung eines Forschungsteilnehmers zu Schnittwunden - "Mehr Vertrauen in die Homöopathie!!"

Homöopathie kann das Nähen von Schnittwunden ersetzen

Weshalb ist eine Wunde genäht worden, wo eine schnelle Schließung förmlich sichtbar war? Meiner Meinung nach kam es eventuell gerade wegen dem Nähen der Wunde zur Keloidbildung. Daß ein Nähen bei homöopathisch behandelten Wunden nicht nötig ist, möchte der Teilnehmer mit folgendem Fall dokumentieren:
Durch Unfall entstanden: Klaffende Wunde an linker Schläfe, Länge ca. 3 cm, Breite ca. 1 cm, vom Augenwinkel beginnend.
ARNICA C200, 4 Globuli: Blutung stoppte augenblicklich. Wiederholung nach einer Stunde: Der abstehende Lappen hat sich in den folgenden acht Stunden von selbst zum Wundriß hingezogen.
2. Tag: RUTA C200, 2 Globuli: Schmerz am Schläfenknochen ist im Laufe des Tages vergangen.
3. Tag: LEDUM C200, 2 Globuli: Hämatom im Wundbereich ist verschwunden. Entstehung eines großflächigen Hämatoms um das linke Auge.
4. Tag: Wiederholung von LEDUM - das Hämatom löst sich bis zum 8. Tag völlig auf. Der Wundspalt ist verheilt, es ist keine Kruste mehr vorhanden.

Im Verlauf der nächsten Wochen Wundheilung und völlig Rückbildung der Schwellung bis zu einem verhärteten Wulst unter der Wundspalte.
26. Tag: SILICEA LM120, 2 Tropfen täglich. Im Verlauf einer Woche ist der Wulst weich geworden mit zunehmender ausheilender Tendenz. Während der gesamten Heilphase keinerlei Schmerzen, Jukken oder sonstige Wundprobleme.
Mit der Schilderung des Falls möchte der Teilnehmer jedem Mut machen, bei einer homöopathischen Wundbehandlung das nötige Vertrauen aufzubringen, was nicht immer leicht sein dürfte. Auch er sei dem Drängen, unbedingt nähen zu lassen, ausgesetzt gewesen.

bei tiefen Schnittwunden: Bellis perennis

Frage: Was kann man in diesem Fall machen?
Antwort: Da es eine tiefe Schnittwunde gewesen ist, denken wir, ein Versuch mit BELLIS PERENNIS wäre gar nicht übel, sonst müßte man die Narbenmittel probieren, bei unspezifischen THIOSINAMIN in niedrigen Potenzen, bei tumorartiger Bildung SILICEA usw...

bei Narben: Thiosinamin und Silicea

Frage: Wie ist die blutstillenden Wirkung von CALENDULA zu bewerten?
Antwort: In manchen Fällen von Schnittwunden wirkt CALENDULA nicht sehr befriedigend; hier hilft STAPHISAGRIA sehr gut. Frischer SPITZWEGERICH (PLANTAGO LANCEOLATA) wirkt bei Schnittwunden spezifischer als CALENDULA. Bei sonstigen Wunden wirkt Calendula sehr gut blutstillend.

blutstillend bei Schnittwunden: Spitzwegerich und Staphisagria

Was machen wir aber im Winter, wenn kein SPITZWEGERICH mehr wächst?
Nun, das ist kein großes Problem: Wir legen im Sommer einige frische Blätter in Branntwein und stellen den Ansatz drei Tage lang in die Sonne. Oder wir stellen einen Pflanzenauszug nach der Methode von Edward Bach her: An einem sonnigen Morgen bedecken wir eine Kristallschüssel voll frischen Quellwassers ganz mit Spitzwegerichblättern. Nach drei bis vier Stunden, vor Eintritt der Mittagshitze, gießen wir das mit der Spitzwegerichenergie angereicherte Wasser ab, füllen es in eine Flasche und fügen dieselbe Menge Branntwein zur Konservierung zu. Spitzwegerich ist auch bei Wespenstichen, äußerlich angewendet, sehr hilfreich.

Die Konservierung von Spitzwegerich

Frage: Wie wirkt GUNPOWDER bei schlecht heilenden Wunden?

Gunpowder bei Blutvergiftung

Antwort: GUNPOWDER ist angezeigt, wenn Blutvergiftungserscheinungen auftreten, d.h. Hitze, Rötung, ausstrahlende Schmerzen (die Schmerzen können sehr stark sein).

Pyrogenium bei Blutvergiftung nach Biß- und Stichwunden

Bei infizierten Biß- und Stichwunden hat sich PYROGENIUM hervorragend bewährt.

Keynote von Pyrogenium: sehr schneller oder langsamer Puls bei hohem Fieber

Bemerkungen zu PYROGENIUM: PYROGENIUM ist besonders wertvoll, wenn Vereiterungen im Gange sind. Die Symptome können sehr unspezifisch sein, aber ganz eindeutig müssen das Frieren, das Fieber, sehr schneller Puls und die Unruhe vorhanden sein. Es kann manchmal ein ganz spezifisches Symptom von PYROGENIUM beobachtet werden: Bei sehr hohem Fieber kein entsprechend schneller Puls.

Knochenbrüche

Frage: Wann geben wir bei Knochenbrüchen CALCIUM PHOS., wann SYMPHYTUM?

Antwort: SYMPHYTUM ist das Hauptmittel bei Knochenbrüchen, CALCIUM PHOS. wird bei passender Konstitution, d.h. besonders wenn die Knochen biegsam sind, eingesetzt.

Beide werden in niedrigen Potenzen (D oder C3-6) mehrmals (drei- bis viermal täglich) eingesetzt.

Wirkt Symphytum auch auf der geistigen Ebene?

Frage: Wird durch die routinemäßige Anwendung von SYMPH. der notwendige Lernprozeß durchgemacht oder nicht, da der Mensch schneller auf die Beine kommt und die Zwangsruhe nicht ganz durchmachen muß?

Bei wiederholten Brüchen die Potenz erhöhen

Antwort: Die schnellere Heilung bedeutet gleichzeitig ein schnelleres Durchmachen des Lernprozesses. Aber es gibt viele Schichten des Lernens. Wir haben die Beobachtung gemacht, daß manche dieser Leute sich noch einmal an derselben Stelle einen Bruch holen. Wir brauchen bei anderen Lernprozessen auch oft viele Anläufe. Man geht dann einfach in der Potenz höher. Bei SYMPHYTUM könnte man von LM30 bis LM120 gehen oder auf die C200 und höher.

In der Runde wird von einem 80-jährigen Mann erzählt, der ein Jahr lang an einem Bruch litt. Er hatte sich bei Holzarbeiten fast den ganzen Unterschenkel durchgesägt. Der durchgesägte Knochen heilte seither einfach nicht zu. Er war allgemein in einem sehr schlechten Zustand, sehr depressiv, hatte eine Fistel und litt unter chronischer Bronchitis. SYMPHYTUM D12 hat nicht nur den Bruch geheilt, sondern auch den Allgemeinzustand sehr gebessert. Die Fistel sowie die Bronchitis sind weg. Er ist nicht mehr depressiv.

Symphytum als Konstitutionsmittel

Gegen Schmerzen, die durch das Tragen eines Gipses entstehen, haben wir zwei Mittel ausprobiert: CHAMOMILLA und NUX VOMICA. Beide sind sehr schmerzempfindlich - CHAMOMILLA geht in die reizbare Richtung, wogegen NUX VOMICA wider Erwarten in die depressive Richtung geht: Die Schmerzen bringen ihn zur Verzweiflung, er möchte sich umbringen. NUX VOMICA ist bei Selbsmordwunsch durch Schmerzen häufiger angezeigt als AURUM. AURUM will sich aus dem Fenster stürzen oder mit einem Strick erhängen.

Schmerzen durch Gipsverband: Chamomilla Nux vomica

Bei Handgelenksverletzungen, auch Frakturen, kommen, nach der Erstversorgung mit ARNICA, in erster Linie RHUS-T. und RUTA in Frage. RHUS-T. ist sehr wichtig, wenn bei der Fraktur die Sehnen verspannt sind. In manchen Fällen ist RUTA nach RHUS-T. angezeigt, auch dann, wenn RHUS-T. die gewünschte Wirkung nicht brachte. Wir sollten an BRYONIA bei Gelenksverletzungen denken.

Handgelenksverletzung: Arnica Rhus-t. Ruta Bryonia

Potenzen

Frage: Gibt es wirklich Menschen, die LM-Potenzen schlecht vertragen?

Antwort: Die Beobachtung zeigt, daß manche Menschen auf jegliche LM-Potenzen schon nach der zweiten Gabe, spätestens bei der dritten Gabe eine Verschlimmerung ihres Zustandes erfahren. Der Allgemeinzustand kann auch sehr beeinträchtigt sein. Nach der Verschlimmerung machen sie längere Lernprozesse durch, wobei es ihnen gut geht. Sie haben jedoch einen Widerwillen gegen diese positive Wirkung.

Die Verträglichkeit von LM-Potenzen

Es gibt auch Menschen, die sich auf LM-Potenzen unwohl fühlen. Es ist keine Verschlimmerung, da sie nach dem Absetzen keine positive, heilsame Wirkung spüren. Sogar manche alten Menschen vertragen C-Potenzen bessser, zeigen auch auf hohe Potenzen keine bzw. keine wesentlichen Verschlimmerungen und reagieren sogar gut auf die Wiederholung von mittleren C-Potenzen.

Es ist vielleicht ratsamer, die LM-Potenzen bei diesen Menschen in einzelnen Gaben zu verabreichen, oder besser ganz auf C-Potenzen umzusteigen.

Frage: Warum stufen viele Menschen LM-Potenzen als Hochpotenzen ein?
Antwort: Vielleicht können sie sich gar keine Vorstellungen von den hohen, sehr hohen und den höchsten Potenzen machen. Die niedrigen Potenzen reichen bis LM 3. Bis LM 90 sprechen wir von mittleren Potenzen, ab LM 120 vom Anfang der Hochpotenzen.

Je stärker verdünnt, desto sanfter die Wirkung

Der Fehler liegt in dem Gedanken, daß "mehr Verdünnung" (LM = 1:50.000) "gleich höhere" Potenz bedeutet. Die Potenz hängt lediglich von der Zahl der Verschüttelungsvorgänge ab. Die Verdünnung reguliert die Härte oder die Sanftheit der Wirkung. Diese Kriterien von Hoch- bzw. Niederpotenzen stammen aus der außereuropäischen homöopathischen Welt.

Je mehr verschüttelt, desto höher die Potenz

Ab C1000 fangen die Hochpotenzen in der englischsprachigen Homöopathie-Welt an.
Eine LM120 entpricht der C1000.

Bestimmte Schmerzzustände

Arthroskopie: Arnica

Frage: Heutzutage werden viele Arthroskopien gemacht, die oft starke Schmerzen hinterlassen. Welches Mittel hilft in diesen Fällen?
Antwort: Hier kommt uns wieder in erster Linie unser universales Verletzungsmittel Mittel ARNICA zuhilfe.

Hexenschuß-mittel: Rhus tox Lycopodium

Frage: Welche Mittel haben sich bei Hexenschuß am Rücken durch Heben bewährt?
Antwort: RHUS TOX. kann in machen Fällen in Frage kommen, besonders wenn durch bestimmte Bewegungen der Schmerz einschießt. Das Hauptmittel ist jedoch LYCOPODIUM – eine Bewegungseinschränkung wird dann gespürt. Das Gesicht ist meist zusammengezogen. LYCOPODIUM folgt RHUS-TOX. gut.

Nux vomica

Frage: Wie wichtig ist NUX VOMICA bei Hexenschuß?
Antwort: NUX kommt hauptsächlich in Frage, wenn die Schmerzen von der Lumbalgegend nach unten zum Oberschenkel ausstrahlen.

Calcium carb.

CALCIUM CARBONICUM ist besonders wichtig für die Nackengegend. Oft wie ein starker Krampf, der Kranke kann nur sitzen, indem er die schmerzende Stelle festhält. Eine Schwäche in der Partie wird empfunden.

Frage: Bei der homöopathischen Behandlung kommen manchmal sogenannte "alte Kleinigkeiten" zurück, wie ein alter Verstauchungs-

schmerz oder Schlimmeres, wie starke Phantomschmerzen.
Antwort: In der Regel unternehmen wir bei Kleinigkeiten gar nichts. Sie werden als zum Heilungsprozeß dazu gehörig betrachtet, außer wenn sie beharren.

Wiederaufflackern von alten Beschwerden

Bei schlimmen Symptomen wird das Mittel abgesetzt und besonders wenn das Symptom nicht im Mittelbild ist, sofort mit einem neuen Mittel behandelt.

Die Suche von bestimmten Symptomen im Repertorium

Phantomschmerz

Frage: Wo finden wir *Phantomschmerz*?
Antwort: *Phantomschmerz* wird von *Künzli* im *Repertorium Generale* als eine eigene Rubrik angeboten. Wenn wir in den zwei Rubriken von *Phantomschmerz* - einmal unter *VERLETZUNGEN DER GLIEDER* und einmal unter *AMPUTATIONSSTUMPF* nachschauen, finden wir, daß unter *VERLETZUNG DER GLIEDER* noch PHOS. und STAPH. vorhanden sind.

Frage: Wenn ein phytotherapeutisches Mittel, d.h. ein Mittel, das in der Homöopathie noch unbekannt ist, eine Heilwirkung zeigt, wie ist es in der Verabreichung in Potenzen?
Antwort: Ganz normal, wie bei anderen Urtinkturen. Diese Mittel werden in tiefen Potenzen (0-6) benutzt, bis wir genügend Kenntnisse darüber haben, um höher gehen zu können.

Frage: Wo findet man die Rubrik *Daumenlutschen* im Repertorium?
Antwort: *Daumenlutschen* als Rubrik im Repertorium gibt es nicht - es gibt nur *Kinder tun Finger in den Mund.* Ob das gleichbedeutend ist, können wir nicht sagen. Auf jeden Fall sind manche Mittel unter dieser Rubrik gegen *Daumenlutschen* beobachtet worden: CALC. +, CALC-P. +, CHAM. +, LYC. -, NAT-M. --

Daumenlutschen, *Nuckelflasche* und *Schnuller*, sogar am *Stoffzipfel lutschen*, haben wir bisher nicht getrennt betrachtet. Differenziertere Beobachtungen von euch sind sehr willkommen.

Fingernägelbeißen

Fingernägelbeißen gibt es in den bisherigen Repertorien von *Kent* und anderen nicht, außer bei *Bönninghausen/Boger*. *Künzli* hat eine Rubrik im *Repertorium Generale* unter *MUND* zusammengestellt: *Beißen*. Dort fehlt nur noch LYSS. von *Bönninghausen*.

Bönninghausen hat diese Rubrik unter *GEIST* gestellt.
Noch zu ergänzen ist (alles von *Bönninghausen*):
Beißen – *Finger*: SARS.
– *Hände*: CHAM., CINA, PULS., VERAT.
– *Löffel*: CANTH., ZINC.
– *Unterarm*: RHUS.-T

Nasebohren

Nasenbohren gibt es unter *NASE* (*Bohren*), zu vergleichen mit *Zupfen an der Nase* und *Reiben an der Nase* (unter *Juckreiz*). Ergänzung zu *Böricke*: *Nasenbohren*: HELL., SANT., TEUCR.

Definition von Katarrh und Schnupfen

Frage: Wann nehmen wir die Rubrik *KATARRH* und wann *SCHNUPFEN*?
Antwort: Dieses Problem haben wir, so glauben wir, nur in Süddeutschland, Bayern und Schwaben. Wenn man hier sagt, jemand habe einen Katarrh, dann meint man, er habe einen Schnupfen. Auch die medizinische Erläuterung (im Pschyrembel etc.) schafft keine Klarheit. Für unsere Zwecke bezeichnen wir einen Schnupfen (Rhinitis) als eine *Entzündung der Nasenschleimhäute* und einen Katarrh als eine *anormale (überschüssige) Produktion von Schleim*. Also können wir einen Schnupfen mit oder ohne Katarrh (Absonderung) haben.

Frage: *Verlangen nach Fett* wird im Repertorium nicht näher unterschieden, z.B. zwischen
weißes Fett am Fleisch
gebratenes, knuspriges Fett
pflanzliches Fett
Sahne

Zum Teil wird doch im Repertorium unterschieden: es gibt die Rubriken Butter, das Fett von Schinken und Schmalz.

Zu Ergänzen:
Butter: FERR-M. (*Boericke*), SULF. -, TUB. + ++
TUB. braucht sie dick und fest aus dem Kühlschrank, wie eine Scheibe Käse, sogar so zum Puressen.
Öl: NUX-V. + -, TUB. + -.
Fett: MEZ. (*Boger*), NAT-M. (*Boger*), RAD. (*Clarke*), THUJ. (*Conant*), TUB. ++.
Fischöl: NIT-AC. -.
Knusprig gebratenes Fett: TUB. +.

Abneigung und Verlangen nach Lebertran ist bei Tuberkulinikern beobachtet worden. Hat jemand Erfahrung, wie weit TUB. dies hat?
Olivenöl: TUB. -
Sahne: SULF. + -, TUB. +.
Schweinebauch: CALC-P. +, TUB. +.
CALC-P. ißt z.B. nur das Fett vom Schinken.

Frage: Welche Mittel haben *Abneigung gegen Sahne*?
PULSATILLA hat Abneigung gegen Sahne, besonders Schlagsahne - alle Fettsorten, die am Gaumen und Hals kleben. Milch, auf der sich Fett absetzt, kann sie nicht trinken.

Abneigung geben Sahne

Verlangen nach Knoblauch:	NAT-M. -
Verlangen nach Nudeln (trocken ohne Zusatz):	NAT-M. + -
Verlangen nach Nudeln mit Tomatensoße:	TUB. ++

Bei Kindern soll man statt der Rubrik *warme Milch "heiße Milch"* nehmen.

Depressionen im Frühjahr und Herbst: LACH -
Depressionen bei schönem Wetter gibt es im Repertorium: STRAM. Zu ergänzen ist NAT-M. + - (man wacht auf, es ist strahlender Himmel, und die Decke fällt einem auf den Kopf).

Depressionen

NATRIUM-MUR. freut sich, wenn es wieder kalt wird - wenn es regnet oder im Frühjahr schneit. Je kälter es wird, um so fröhlicher wird er. Bei -30 Grad schläft er immer noch bei offenem Fenster und schwitzt trotzdem.
Wenn es warm bzw. heiß ist, dann fühlt er sich matt, abgeschlagen und arbeitsunfähig. In warmen Ländern mit Klimaanlagen erholt sich der Nat-m.-Mensch. Dort kann er wieder richtig atmen und hat Kraft und Elan. Nicht zu vergessen, daß NAT-M. sehr verfroren ist.

Depressionen beim trübem Wetter: Am.-c.

Wir kamen auf das Wetter und die Beobachtung, daß fast jeder sich über das Wetter beklagt und viele richtig depressiv werden, wenn es bedeckt ist. Dafür ist AMMONIUM CARBONICUM ein Wundermittel. Der Gedanke kam, daß AM-C. ein wichtiges Mittel für die Deutschen sei.

----

1) Nachtrag: Der Stand von 1989 hat sich in den letzten Jahren stark verändert. Heute gibt es einige größere Repertorien, wie das *Complete Repertory* von *van Zandvoort*, das Repertorium von *Murphy* und das *Synthesis*.

Frau K.

Lumbago, linksseitige Ischialgie, Schlafstörungen

Schmerzcharakteristik und Modalitäten

Ischialgie

Liegen auf schmerzhafter Seite verschlimmert

1) Ischialgie links, erstreckt sich vom Gesäß zur Kniekehle. Anfangs ziehende Schmerzen, nehmen über Monate langsam zu, jetzt "brennt es wie Feuer" in einem etwa fingerdicken Strang in der Außenseite des Oberschenkels.
Besser durch Bewegung, schlechter am Anfang der Bewegung, Anstrengung bzw. Belastung verschlimmern. Stehen und besonders Sitzen sind ganz schlecht. Im Sitzen hat sie das Gefühl, als ob das Bein abgedrückt, abgeschnürt würde (längere Autofahrten sind sehr unangenehm). Liegen auf der linken Seite ist unmöglich, d.h. Druck verschlimmert am meisten, Wärme bessert.

Lumbago

2) Rückenschmerzen beidseitig im Lumbalbereich waren schon vor der Ischialgie da, stören sie aber nicht so sehr. Wenn sie sich vom Bücken aufrichtet oder etwas aufhebt, hat Frau K. das Gefühl, "als ob ihr das Kreuz zerreißen würde". Stehen verschlechtert sehr, Bewegung bessert (z.B. schnell Gehen, Gartenarbeit), Wärme tut ihr gut. Wenn sie lesend auf dem Bauch liegt, kann sie danach nicht mehr aufstehen. Am besten geht es ihr beim Liegen auf dem Rükken mit angezogenen Beinen.

Allgemeinsymptome und Modalitäten

Schlaf: Am besten schläft sie beim Fernsehen. Sie schläft sehr unruhig (wechselt häufig die Lage), wacht manchmal um 1.00 Uhr, manchmal um 4.00 Uhr auf und kann dann für mindestens zwei Stunden nicht wieder einschlafen. Morgens, wenn der Wecker klingelt, fühlt sie sich wie gerädert. Um 20.00 Uhr ist sie meist so müde, daß sie schlafen gehen könnte, macht es aber wegen ihres Mannes nicht.
Essen und Trinken: starkes Verlangen nach Schweinefleisch, Wurst und Salat. Obst und Süßes mag sie nicht. Sie würzt ihre Speisen wenig. Sie hat wenig Durst. Sie trinkt gern Kaffee, Bier und Wein. Wasser mag sie nicht.

Sonstiges: Skoliose; ein Lendenwirbel ist verschoben; Knochenzyste am linken Oberschenkelknochen.
Frau K. ist extravagant gekleidet, und wenn sie geht, schreitet sie. Wegen der Schmerzen war sie schon bei sechs verschiedenen Ärzten.

Besprechung

Es wurde erst LYCOPODIUM verordnet, es trat jedoch keine Veränderung ein. Nach Aufnahme der Allgemeinsymptome und anschließender Verordnung von RHUSTOX. C200, welches allerdings auch nicht den gewünschten Erfolg zeigte, wurde TUBERCULINUM BOVINUM aus folgenden Gründen in Betracht gezogen: **Bewegung bessert, besonders kräftige Bewegung, Verlangen nach Schweinefleisch und Wurst**.

Vergleich der Bewegungsmodalitäten von Rhus-t. und Bryonia

Die Besprechung der Bewegungsmodalitäten von RHUS-T. ergab, daß das Symptom *die erste Bewegung verschlimmert* so betrachtet werden muß: je akuter der Fall ist, um so schmerzhafter ist die Erstbewegung, so daß im extremen Fall keine Bewegung möglich ist. **Der nicht Eingeweihte könnte dies mit BRYONIA verwechseln**. BRYONIA hat aber in erster Linie die **Bewegungsunlust,** und da die Bewegung wehtun würde, bewegt er sich einfach nicht, außer wenn es sein muß. Die **BRYONIA-Schmerzen** bleiben entweder **gleich schlimm** während der gesamten Bewegung **oder nehmen zu**, so daß nach einer Weile die **Bewegung unmöglich wird**. Er muß stehen bleiben oder sich hinsetzen.

Hier ist wieder aufzupassen - der Patient könnte sagen "Ich kann mich überhaupt nicht bewegen", aber in Wirklichkeit die Schmerzen erst unter Bewegung sehr schnell zu und machen die Bewegung nach 10 - 20 Metern unmöglich.

Bei RHUS-T. muß eine Besserung nach und nach eintreten, wenn er die Schmerzgrenze überwinden (überschreiten) kann.
RHUS-T. möchte sich bewegen, BRYONIA nicht. Die Nachtverschlimmerung ist auch unterschiedlich, manchmal aber bei RHUS-T. kaum wahrnehmbar. Sie hängt in der Regel von der Tagesanstrengung und der Heftigkeit der Schmerzen ab. In chronischen Fällen tut Bettwärme gut, so daß die Nacht weitgehend ruhig verläuft und erst am nächsten Morgen die Steifheit und Schmerzen verspürt werden.

Kälte, besonders feuchte Kälte, verschlimmert deutlich, und die Wärme bessert. Am besten ist es, wenn direkt Wärme auf die kranke Stelle einwirkt.

Die Modalitäten hängen vom betroffenen Körperteil und der Heftigkeit ab

Es ist zu beachten, daß die Modalitäten von den Körperteilen und der Heftigkeit abhängig sind. Unterschiedliche Körperteile können **unterschiedliche Modalitäten** haben. Dies ist allgemein gültig für alle Mittel.
RHUS-T. ist auch das Mittel nach Verletzung bzw. Sportverletzungen, wenn es zur Steifheit kommt.

Repertorisation

Nach gründlicher Repertorisation kam man wieder auf RHUS-T. Alle wunderten sich, daß in dieser Rubrik *Liegen auf der schmerzhaften Seite* nur RHUS-T. das passendste Mittel zu sein schien und warum es nicht geholfen hätte.
Es wurde ein Fall geschildert, wo nach einer Verstauchung RHUS-T D30, 1x täglich für fünf Tage, nichts bewirkt, die ersten zwei Gaben LM60 dagegen schon eine Besserung brachten. Möglicherweise war also in unserem Fall die Potenz zu niedrig. "Ja, aber eine Gabe C200 dürfte doch nicht so niedrig sein", kam der Einwand.
Erst jetzt stellte sich heraus, daß RHUS-T. nur einmal gegeben worden war. Damit wurde klar, wo der Fehler lag, und zwar in der Nichtwiederholung der Gabe.Das Mittel mußte wiederholt werden!

Auch antimiasmatische Mittel nur aufgrund der Symptome geben

Empfehlung: Frau K.sollte **RHUS-T. LM60**, 1x täglich zwei Tropfen, nehmen. Falls keine Besserung eintritt, sollte erst dann TUB-Bov. eingesetzt werden.
Das antimiasmatische Mittel wird niemals rein gefühlsmäßig gegeben, sondern nur aufgrund der Symptome. Das soll der folgende Fall zeigen.

Dazu ein Beispiel:

Frau S., drohender Abort in der 7. Woche

9.9.1989 vormittags

Frau A. ruft in unserer Praxis an, weil ihre Behandlerin im Urlaub ist. Auf deren Verordnung hin nimmt sie seit ein paar Tagen NAT-MUR. D3. Wegen folgender Beschwerden sucht sie unsere Hilfe: Blässe und Schwindel gleich nach dem Aufstehen, Schwindel und Hitze beim Treppensteigen; Aufregung wegen ihres Bruders, Kummer; hellrote bis organgefarbene Blutung ("zwei Handvoll Blut"), hört im Liegen auf; Kind drückt nach unten, liegt schwer im Bauch beim Heben, Tragen; Kopfweh < durch feuchtes, kaltes Wetter. Aufwachen mit Kopfweh, verschwindet nach dem Aufstehen; Ziehen im rechten Oberschenkel; ist total durcheinander

● **MILLEFOLIUM C200,** alle 1/2 Std.

9.09.1989 mittags
Sie erlaubt sich nun mehr Bewegungen als vorher; bekommt davon einen heißen Kopf, trockene Lippen und gelb-grüne Absonderung aus der Nase. Gefühl, als ob der Bauch nach der vierten Gabe Millefolium lachte. Lag vorher mit angewinkelten Beinen, kann sie jetzt ausstrecken. Es geht ihr viel besser, aber die dunklen, zähflüssigen Blutungen hören nicht auf. Schmerzen, als ob Wehen kommen. Druckschmerz nach unten. Hitzegefühl, aufstehen <; Schwarzwerden vor den Augen, fast ohnmächtig; hat geweint.

● **PULSATILLA C200,** alle 1/2 - 1 Std.

9.09.1989 abends
Blutungen stärker, bräunlich oder dunkelrot, klumpig, fadenziehend mit Hitzeschüben, döst vor sich hin, kann nicht lernen etc; im Moment klar im Kopf. Blutungen beim Urinieren, jetzt auch im Liegen. Flimmern vor den Augen im Liegen, alles verschwimmt vor den Augen. Gefühl, als ob Beine höher liegen und der Kopf schwer nach unten liegt. Durst- und appetitlos. Ziehender Druckschmerz, wehenartig über der Blase, an der Schmerzgrenze, strahlt kurz in linken inneren Oberschenkel. "Matschige" Stimmung, k.o. - erledigt, kann sich nicht auf den Beinen halten; hatte zuvor wahnsinnigen Bewegungsdrang.

die angezeigten Mittel greifen nicht durch

● **ARNICA C200**

10.09.1989
Licht- und Geräuschempfindlichkeit, Hitze am ganzen Körper, liegt dennoch mit drei Decken da. Frische Luft >.

● **APIS C200**

10.09.1989 abends
Nachdem alle Mittel nur kurz geholfen haben und Frau S. schon einmal an Tbc erkrankt war, wird TUB-BOV LM60 alle zwei Stunden verabreicht.

Die tuberkulöse Belastung erfordert eine antimiasmatische Behandlung

Damit hören die Blutungen auf, und nachdem es Frau S. danach allgemein sehr gut geht, ist eine weitere Behandlung nicht mehr nötig.

Besprechung

Tuberkulinum bei drohendem Abort in den ersten Wochen durch Aufregung

Tub-bov. ist wichtig bei akut drohendem Abort in den allerersten Wochen und bei Blutungen durch Aufregung. Beim nochmaligen Durchlesen des vorher geschilderten Falles fiel uns gleich am Anfang die Aufregung auf, die sie erwähnt hatte.
Bei Blutungen durch Aufregung ist Calc. auch höchst wichtig. Wenn Calc. nicht durchschlagend hilft, soll anschließend Tub-bov gegeben werden.

Frau O., 25 Jahre

Urticaria

22.09.1989
Beschwerden: Urticaria seit ca. zwei Monaten, gleichzeitig Gewichtszunahme und Blähungen.
Vor drei Monaten Trennung von ihrem Freund in beiderseitigem Einverständnis. Es ging ihr trotzdem danach sehr dreckig. Aß nichts mehr (bzw. würgte beim Essen) und weinte sehr viel (sie ist sowieso leicht zum Weinen zu bringen), Weinen erleichterte teilweise.
Ein Taubheitsgefühl der linken Seite entwickelte sich, vor allem in der linken Hand, aber auch im linken Bein; das Gesicht war weniger betroffen. Der Hausarzt meinte, es handle sich um eine Elektrolytverschiebung aufgrund des Tränenflüssigkeitsverlustes und gab Calcium- und Magnesiumtabletten, worauf sich das Taubheitsgefühl langsam zurückbildete. Sie versuchte sich von der Trennung abzulenken, ging viel aus, kaufte viel ein.

Vorgeschichte: Trennung als Causa

Jetzt denkt sie mehr darüber nach und ist eigentlich sehr froh, daß sie das alles hinter sich hat. Die Trennung ist ein langwieriger, monatelanger Prozeß gewesen und durch die Mutter des Freundes ausgelöst worden. Diese will sich ihre Schwiegertochter aussuchen, und Frau O. entsprach eben nicht ihrem Geschmack. Der Freund ist einfach zu feige, sich gegen seine Mutter durchzusetzen, er muß mit seinen Eltern auskommen, weil er später die Firma erbt.

Vom Heilpraktiker bekam sie Ignatia LM6, woraufhin sie große Müdigkeit entwickelte sowie ein Gefühl, als ob sie ein Brett vorm Kopf hätte.
Danach nahm sie Pulsatilla LM12, allerdings nur einmal, denn es ging ihr total schlecht nach der Einnahme, vor allem mit dem Kreislauf: Ohnmachtsgefühl, schwarz vor den Augen, Gefühl, als ob sie sich irgendwo festhalten müsse.

Seit dieser Zeit nimmt sie auch an Gewicht zu, was bis dahin sehr ungewöhlich für sie war. Sie ist seither auch immer gebläht (auch wenn sie nichts ißt), so als ob das Essen sofort zu gären und zu faulen anfangen würde, mehr im Oberbauch. Kann die Blähungen nicht richtig ablassen, vor allem nicht während der Arbeit, da der

Gewichtszunahme, Magen- und Darmsymptomatik

Geruch sehr unangenehm und faulig ist. Zwiebeln und Kohl <, mittags und abends <. Ißt zur Zeit sehr hastig, könnte den ganzen Tag essen, am liebsten Rohkost, herzhaft knackig (Paprikaschoten, Gurken, Karotten), aber auch Verlangen nach Wurst, Schinken, Käse. Allerdings ist sie immer schon nach ein paar Bissen satt, auch wenn sie vorher großen Hunger hatte.
Am wichtigsten ist ihr aber, die Urticaria loszuwerden. Der Hausarzt hat ihr Fenistil®-Tabletten verschrieben. Sie wird aber nur sehr müde davon, sonst helfen sie wenig.

Haut-symptomatik

Zunächst treten rote Flecken auf, die stark jucken, später bilden sich vor allem durch Kratzen auch weißlich erhabene Quaddeln. Kratzen macht die Symptome aber immer schlimmer, sie muß sich deshalb sehr beherrschen, nicht zu kratzen. Urticaria sei unabhängig von Sport, Schweiß, Nahrung (vielleicht durch Joghurt etwas <), kein Bezug zu Wärme/Kälte.

Weitere Beschwerden

Kreislauf: plötzlich wird ihr heiß, flau im Magen, schwindelig; kräftig durchatmen >. Ab und zu leichte diffuse Schmerzen im rechten Unterbauch (drückend, zwickend). Verspannungen im Nacken, durch die Arbeit als Sekretärin bedingt, Kopfschmerz im Hinterkopf. Bei jeder zweiten Periode Zwischenblutungen: dunkelbraun schmierig, drei Tage lang in der Mitte des Zyklus. Nimmt die Pille. Vor der Menses einen Tag etwas depressiv.
Erkältungsneigung; Husten hatte sie früher wochenlang. Nebenhöhlen sind gefenstert. Tonsillektomie vor ca. zehn Jahren. Eileiterentzündung vor drei Jahren (mehr rechts) mit Antibiotika über zwei Wochen behandelt.

Allgemeines

Durst: hat Durst, kommt aber nicht zum Trinken, Verlangen nach vergorenem Traubensaft (Federweißer), Bier, bekommt Bauchschmerzen auf Kaltes.
Schlaf: kann immer gut und viel schlafen. Wenn sie erst mal eingeschlafen ist, stört sie auch die Urticaria nicht mehr .
Temperaturempfinden: Es ist ihr oft zu warm, schwitzt leicht und viel, vor allem unter den Achseln und in den Beugen. Sie kann aber auch furchtbar frieren. Füße im Winter eiskalt. Wenn sie etwas "ausbrütet", schwitzt sie am ganzen Körper sehr stark.
Stuhl: braun geformt, bis zu zweimal pro Tag.

- **Lycopodium LM30,** 1 gtt auf 1 EL Wasser.

Anruf 24.9.1989
Hat von 15 - 18 Uhr geschlafen, jetzt Urticaria <, Blähungen waren vorgestern und gestern besser. Druck auf dem Scheitel. **Lycopodium** abgesetzt.

Reaktion auf Lycopodium

27.9.1989
Sie vergaß, mir zu sagen, daß sie zur Zeit Zwischenblutungen hat. Urticaria ist seit gestern ganz schlimm, richtig großflächig, überall wo Druckstellen sind, bekommt sie Quaddeln, auch beim Abtrocknen nach dem Duschen. Quaddeln brennen nach dem Kratzen unter der Bettdecke, wie zu heiß. Blähungen vor allem, wenn sie Zwiebeln ißt.

- **Urtica urens D4,** 3x tgl. 3 Globuli

30.9.1989
Nach zwei Gaben Urtica urens breitet sich die Urticaria über den ganzen Körper aus. Vor allem, wenn sie ins Bett geht; aber auch schon, wenn sie die Kleidung auszieht, juckt es, wird heiß und brennt; sehr stark an den Beinen (trägt meist Jeans) und dort, wo die Kleidung drückt; gestern war es an Hals und Oberschenkeln (Vorderseite) sehr schlimm; anfangs nur Röte, dann Quaddeln durch Kratzen, auch hinter den Ohren. Abends ab 18.00 Uhr und während des Schlafes kein Juckreiz: friert - Verlangen nach Wärme; naßkalt <.

Verschlechterung der Urticaria

- **Medorrhinum LM60,** 3 gtt auf 1 EL Wasser

4.10.1989
Hat nur LM18 bekommen. Urticaria am Hals und Dekollete. Juckreiz hat nachgelassen, aber wenn sie anfängt zu kratzen, wird es sehr schlimm, feuerrot und heiß, auch die Handgelenke und Schläfen sind betroffen. Blähungen wieder ab mittags. Hat das Mittel (Med.) heute mit der Periode abgesetzt. Halsweh: Kratzen im Hals, Rauhheit, abends <, muß öfters niesen (sie kennt es schon, wenn sie eine Erkältung bekommt).

8.10.1989
Weitere Gaben Medorrhinum nach der Periode bessern zwar die Erkältung, nicht aber die Urticaria.
Glaubt Hämorrhoiden zu haben, weil sie Schmerzen während und nach dem Stuhlgang (15 Min) hat, als wäre der Sphinkter zu eng, obwohl der Stuhl seit ca. einer Woche normal weich ist. Ab und zu

wird ihr ziemlich heiß; meint, sie müsse sich festhalten, damit sie nicht umfalle. Muß zehnmal am Tag niesen. Schmierblutungen: braun, am Tag <, nicht viel seit zwei Tagen. Sie hat auf mein Anraten die Antibabypille nicht mehr genommen. Wenn sie keine Hormone nimmt, hat sie immer diese Schmierblutungen.

- **Medorrhinum LM18,** 1 gtt auf 1 Glas Wasser, wegschütten, auffüllen, einen Schluck trinken.

11.10.1989

Nach einer Gabe Medorrhinum wieder Kopfweh.

Besprechung

Repertorisation: Wo findet man die Symptome *Urticaria und Hitze nach Kratzen?*

HAUT - Hautausschläge - Urticaria

HAUT - Hitze ohne Fieber - nach Kratzen: Spongia, Sulfur

Sulfur kommt in Frage. Gedanken zu Sulfur: wegen Hitze, Schwitzen (*es ist ihr zu warm*), ißt sehr hastig, Rohkost! (hat auch Tub.). Verlangen nach Federweißem! Die Gewichtszunahme deutet auf eine depressive Richtung.

überfordert sich und Sulfur wird depressiv

Wenn Sulfur überfordert wird, wird er depressiv. Er übernimmt sich beim Schmieden von Plänen und scheitert an der Umsetzung. Der tägliche Kleinkram macht ihn depressiv. Dann ist eine Gewichtszunahme möglich (Dickwerden in der Schwangerschaft).

- **Sulfur LM30,** 2x tgl. 2 Tropfen

18.10.1989

Fortsetzung 1

13.10.1989

Sie hat Sulf. gestern spätnachmittags und heute morgen eingenommen. Gestern abend war der Hautzustand nicht besonders, heute morgen eher schlecht; auch jetzt abends eher schlecht.

- **Sulfur** absetzen, **Nat-mur.** LM30, 2 gtt auf Wasser.

15.10.1989

Heute morgen Nat-mur. genommen, obwohl sie seit dem Aufwachen an einem grippalen Infekt leidet, der sich schon am Vortag angekündigt hat. Viel Niesen; drückender Schmerz in der rechten Nebenhöhle; Nase trocken; draußen schmerzt die Nase beim Einatmen, wunder Schmerz der Nasenschleimhäute. Beim Schneuzen löst sich etwas klares Sekret. Durst auf Warmes (Tee mit Rum), wenig Appetit, schwitzt leicht; Urticaria schlecht; Glieder sind schwer; sie hat einen "Matschkopf".

● **NAT-MUR.** absetzen.

15.10.1989 abends
Noch immer viel Niesen, herzhaft, tut ihr gut (Kitzeln in der Nasenwurzel); friert - hatte den ganzen Tag kalte Füße; sie hat sich eine Wärmflasche gemacht, die sie aber bald wieder weggetan hat, da sie schnell zum Schwitzen anfängt, auch nach heißem Tee, der ihr nicht gut tut. Ihr Zimmer ist unbeheizt - sie hüllt sich lieber in eine Decke ein; muß sich aber ab und zu wieder abdecken, wenn es ihr zu heiß wird.

Die Nase ist nachts ziemlich verstopft, aber auch tagsüber und vor allem rechts. Wundheitsgefühl im linken Nasenloch (atmet wie durch eine "hohle Röhre"); Druck in der rechten Nebenhöhle morgens <; eigentlich ist alles morgens <; ab Mittag >: Sie schneuzt wenig eiweißklares Sekret aus; schläft weiterhin bei offenem Fenster.
Appetit: nicht besonders; sie ist zu faul, sich etwas zum Essen zu machen. Schwindel beim Aufstehen. Konzentrationschwierigkeiten, sie ist mit den Gedanken immer woanders. Gliederschwere und Matschkopf sind weg.

16.10.1989
Nase ist beidseitig verstopft, keine Modalitäten; warmer Raum bessert allgemein; Verlangen nach heißen Tees; sie deckt sich zu und hat aber immer irgendein Körperteil draußen, da es sonst zu warm ist. Druck auf Nebenhöhle bessert; Wolle und Schurwolle <; Haut ist schlimm.

Erkältung: Tuberkulinum bovinum

1. Besprechung
SULFUR hat die Urticaria verschlimmert. Die Symptome wechseln ständig, z.B. das Verlangen nach heißen Getränken, mag warmes Zimmer. Sie braucht TUB-BOV., vor allem für die Erkältung. Die akuten Symptome passen gut zu TUB. Sie ist auch ständig unterwegs.

● **TUB-BOV. LM30,** 1x 2 gtt auf Wasser

25.10.1989

Fortsetzung 2

20.10.1989

Sie hat TUB-BOV. LM30 gestern abend eingenommen. Beim Ausgehen wurde ihr dann wieder einmal flau und schwindelig, und sie hatte ein Gefühl, als müßte sie umfallen. Das hatte sie auch gestern, als sie den ganzen Tag auf der Messe herumlief. Der Schnupfen war gestern am schlimmsten. Heute ist er nicht mehr so stark; die Haut ist unverändert.

21.10.1989

Schwindel etc. hatte sie nicht mehr. Der Schnupfen klingt ab. Die Haut ist nicht gut; jede Druckstelle schwillt dick an. Allgemein fühlt sie sich aber gut und fit.

22.10.1989

Der Schnupfen ist praktisch vorbei, auch der Druck auf die Nebenhöhlen; Hämorrhoidalbeschwerden sind weg. Die Haut ist unverändert schlecht; sie kann keine Hose mehr anziehen, da alle Druckstellen stark anschwellen. Ganz schlimm ist es, wenn sie kratzt, weil es dann furchtbar brennt. Seit ca. drei Wochen ist sie richtig **menschenscheu; sie zieht sich zurück und bleibt öfters zu Hause.**

Das tut ihr zwar einerseits gut, aber andererseits ist dann die Haut schlechter, weil sie nicht abgelenkt wird und leichter zum Kratzen verführt wird. Außerdem grübelt sie wieder mehr über die Trennung von ihrem Freund und die damalige Beziehung nach. Es kommt dann Traurigkeit in ihr hoch. Sie denkt über die **Vor- und Nachteile der Trennung nach und findet auch viele negative Eigenschaften ihres Ex-Freundes.**

Besprechung

ein Mittel kann nach einem anderen plötzlich wirken

Frau O. braucht LYC. (siehe unterstrichene Symptome). Sie bekam vor drei Wochen schon einmal LYC., aber ohne Erfolg.
Wir werden sehen. Es kann ein Mittel, das anfangs gegeben wurde, nach einem anderen Mittel plötzlich wirken. Man soll niemals denken, man habe das Mittel schon gegeben, und es dann nie wieder probieren. Manche Menschen und manche Mittel brauchen ihre Entwicklungszeit. Wenn das Mittel wieder angezeigt ist, dann ist es an der Zeit, es nochmals zu geben.

Je deutlicher der Zustand ist und je mehr er sich dem Höhepunkt nähert, desto besser wirkt das richtige Mittel.

● **Lyc. LM30,** 1x täglich 2 gtt auf einen EL Wasser

8.11.1989

Fortsetzung 3

Die Patientin hat Lyc. am 27.10. und am 28.10.1989 morgens eingenommen.

29.10.1989

Morgens war die Haut schon nicht mehr so schlimm; nachmittags hat sie wieder Lyc. eingenommen, woraufhin sie den ganzen Nachmittag und Abend fast keine Beschwerden hatte.

kurzzeitige Besserung mit Lyc.

30.10.1989

Die Haut ist fast wieder so schlimm wie eh und je; sie hat das Mittel trotzdem noch bis heute weitergenommen; Lyc. abgesetzt.

4.11.1989

An den Armen hat sie jetzt eher kleine runde Quaddeln; im Gesicht bemerkt sie "Unebenheiten" (keine richtigen Pickel), die Stirn ist eher fettig (hat sie noch nie gehabt). Der Juckreiz hat jetzt auch einen stechenden Charakter. Allgemein geht es ihr ganz gut; die große Grübelphase hat sie überwunden.

8.11.1989

Der Juckreiz an sich ist nicht mehr schlimm, dafür stören sie die Quaddeln sehr. Jedes Anstoßen, Kratzen oder jede Reibung führt zu einem starken Anschwellen. Hitze, z. B. ein heißes Bad, verschlimmert nicht. Vorgestern waren die Quaddeln besonders schlimm; ihr ist immer noch eher leicht zu warm (Schwitzen).

Besprechung

Quaddeln durch jegliches Anstoßen; Kratzen, Reibung. Allgemein als *Urticaria durch Kratzen* zu betrachten.

Bei LM-Potenzen braucht man nicht so lange abzuwarten wie bei C-Potenzen, bis sie wieder gegeben werden. Bald zeigt sich die nächste Schicht (Ebene), und das Mittel kann wieder eingesetzt werden. Warten und dann evtl. LM 120 geben, weil das Geistige deutlich zu sehen ist.

LM-Potenzen kann man öfter wiederholen als C-Potenzen

29.11.1989

Fortsetzung 4

27.11.1989

Die Urticaria ist einmal besser, dann wieder schlechter; von Tag zu Tag verschieden; es tut sich nichts mehr. Fast kein Juckreiz, nur wenn eine Quaddel entsteht.

Seit vier Tagen hat sie Zwischenblutungen, weil sie die Pille nicht mehr nimmt. Aussehen: braun, klumpig, schmierig, ohne Geruch, morgens und abends <.

Sonst geht es ihr ganz gut; sie geht wieder öfters aus. Sie war zwischendurch einmal verliebt, das ist aber wieder vorbei; sie empfindet es aber nicht als schlimm, weil sie ihn gar nicht so nahe rankommen ließ. Sie kompensiert viel mit ihrem neuen Job, der ihr großen Spaß macht. Sie ist viel unterwegs, in verschiedenen Städten auf Messen, um Neues kennenzulernen.

Verliebtsein schlägt ihr auf den Magen; aber auch, wenn etwas schiefläuft, wird sie gleich appetitlos und hat ein komisches Gefühl im Magen (Druck?).

Appetit: Eher auf Herzhaftes, keine Süßigkeiten, eher Salziges, z.B. Lauch, mit Schinken und Käse überbacken.

Verdauung: Keine Blähungen mehr, aber die Verdauung arbeitet zu schnell. Sie muß zweimal am Tag eine halbe Stunde nach dem Essen auf die Toilette (hellbrauner, dünnbreiiger Stuhl).

Schlaf: hervorragend.

Kalorik: In einem warmen Raum schwitzt sie leicht; in der Kälte draußen kann sie aber auch leicht frieren.

Durst: Trinkt wenig, doch sie bemüht sich, mehr zu trinken.

Seit heute ist die Nase wieder zu; wahrscheinlich wieder der Anflug einer Erkältung.

Besprechung

Es ist eindeutig abzuwarten.

Frage: Was würde man tun, ohne den letzten Satz zu berücksichtigen?

Antwort: Auch abwarten, und nicht nur deswegen, weil eine Erkältung im Anflug ist, sondern weil ein Prozeß im Gange ist.

Frage: Aber sie hat aufgrund des Absetzens der Pille seit vier Tagen Zwischenblutungen. Sie bekam die Pille aufgrund der Zwischenblutungen verordnet.

Antwort: Wir müssen den Heilanstößen von LYCOPODIUM Zeit geben, auch dieses Problem anzugehen.

Frage: Es wurde beobachtet, daß es einige Tage mit dem Mittel gutgeht und dann die Verschlimmerung eintritt. Wonach es anfängt, besser zu gehen, aber es erreicht nicht mehr den Höhepunkt der Verschlimmerung, und es geht dann auf und ab.
Antwort: Das ist das Leben, man bewegt sich in dem Lernprozeß, aber die Grundbewegung ist aufwärts.

Verschlimmerung wechselt mit Besserung

Frage: Soll man in dem Moment des vorübergehenden "Sich-schlecht-Fühlens" das Mittel wiederholen?
Antwort: Wenn für das momentane Schlechtsein oder durch Ungeduld das Mittel wiederholt oder ein anderes Mittel genommen wird, dann ist dieser Prozeß für immer zerstört. Bis wieder eine Chance (Gnade) wahrgenommen werden kann, kann viel Zeit vergehen.

Wann Mittelwiederholung?

Frage: Es wird doch erst wiederholt, wenn man sich permanent in einem Tief befindet.
Antwort: Das Leben bedeutet immer wieder üben. Es geht auf und ab. Für ein Tief ein Bachmittel zu nehmen oder ähnliches, zerstört zwar nicht, aber behindert den Prozeß. Wenn man aus eigenen Kräften dazu kommt, ist es viel positiver. Wenn etwas Akutes dazwischenkommt, z.B. Zahnschmerzen, dann muß beim Patienten wirklich ein starkes Gefühl da sein, ein Mittel zu nehmen; am besten eine niedrige Potenz.

Ein homöopathisches Mittel bringt tieferliegende, unter Kontrolle gehaltene Reaktionen wieder hervor

Frage: Blockiert die **Antibaby-Pille** die homöopathische Behandlung oder nicht?
Antwort: Die Pille wirkt wie jede andere Substanz, bei dem einem mehr blockierend, beim anderen weniger. Oft setzen jedoch junge Mädchen die Pille im Laufe der homöopathischen Behandlung von sich aus ab.
Trotz Pille und Genußmitteln wirken die homöopathischen Mittel. Wenn diese abgesetzt werden, gerät der Organismus in eine Umstellungsphase. Die homöopathische Behandlung hebt zum Teil oder ganz die negative Veränderung durch Medikamente und Genußmittel schneller auf.

Medikamente, Genußmittel

Absetzen allopathischer Mittel

Über das Absetzen von allopathischen Medikamenten

Hahnemann empfahl in seinen jungen homöopathischen Jahren, erst alles abzusetzen und abzuwarten, bis Klarheit entsteht. Da wir aber heutzutage viel mehr über die Wesen der Mittel wissen und oft auch gute Symptome vorhanden sind, kann trotzdem eine konstitutionelle Behandlung durchgeführt werden.
In diesem Fall wird der Körper so eingestellt, daß die Absetzungsphase (über einige Wochen bis Monate) komplikationsloser verläuft oder daß absolut keine Entzugssymptome erscheinen.

tautopathische Behandlung

Es gibt auch die Möglichkeit, tautopathisch zu arbeiten. **Tautopathie** bedeutet, dasselbe Medikament oder Genußmittel potenziert zu geben, um kurzfristige bzw. festsitzende Blockaden zu beseitigen.

Fortsetzung 5

6.12.1989
Die Urticaria ist seit ein paar Tagen wieder deutlich schlimmer, fast wie früher; vor allem an Dekollete, Hintern, Beinen, aber auch am Rücken. Reibung und Druck <. Seit gestern stechende Schmerzen im rechten Unterbauch (kennt sie von früher). Waren heute morgen besonders schlimm, als sie nüchtern zur U-Bahn laufen mußte (dabei Übelkeit, kalter Schweiß, viel Speichel). Stechen < durch Husten. Letzte Periode von 9.-13.11., Zwischenblutungen vom 24.-29.11.; sie hat jetzt die Befürchtung, daß die Periode nicht kommt. Oft Hunger, sie könnte den ganzen Tag essen (irgend etwas); Essen tut ihr gut; sie ißt aber nur kleine Portionen, da sie immer schnell satt wird, obwohl sie anfangs einen großen Appetit hat; verstärktes Verlangen nach Schokolade, nach Alkohol (Bier, Glühwein, Sekt). Verdauung: wieder eher verstopft (drei Tage kein Stuhlgang, dann zweimal pro Tag). Allgemein geht es einigermaßen gut, viel Arbeit. Körperlich eher träge (immer im Winter).
Vor drei Wochen Treppensturz, dadurch riesiges Hämatom an der linken Gesäßhälfte. Jetzt noch immer länglich harter, schmerzhafter Strang (ca. 5 x 15 cm). Weiß nicht, ob sie ihn punktieren lassen soll.

Besprechung

Die Urticaria ist deutlich hervorgetreten. Der Schmerz im rechten Unterbauch ist zu kurzfristig, um ihn zu benutzen. Allgemein geht es noch einigermaßen gut, d.h. es handelt sich nicht unbedingt wie-

der um eine Verschlimmerung. Die Periode könnte in den nächsten zwei Wochen einsetzen. Der Zustand ist noch nicht deutlich genug, um eine Verschreibung vornehmen zu können.
Therapie: Abwarten und beobachten:
1. ob die Urticaria bleibt;
2. ob das Allgemeinbefinden gut bleibt oder nicht;
3. ob die Periode einsetzt.
Wenn eine Weiterbehandlung notwendig wird, muß für die Mittelwahl der momentane Zustand klar ersichtlich sein; sonst muß man die Symptome hinzuziehen, bevor die Pille genommen wurde. Bei Ungeduld Placebo geben.

13.12.1989
Fortsetzung 6
8.12.1989
Gestern abend Placebo genommen; heute morgen starker Stuhldrang (breiig) mit Übelkeit. Um 11.00 Uhr erfolgt zweite Placeboeinnahme. Zehn Minuten später ist sie fast kollabiert, kalter Schweiß, Gesicht gelb verfärbt, Hände kalt - wie abgestorben, Frieren, Druck auf dem Herz (als ob Herz ganz schwer), leerer Kopf, milchiger Blick (wie Nebel vor den Augen oder Schnee), flaues Gefühl im Magen, als würde ihr schlecht werden. Sekttrinken bessert. Sie kennt solche Zustände von der Pubertät her, aber so schlimm war es noch nie.

Starke Reaktionen auf Placebos

Dieser Zustand kommt immer noch schubweise wieder; leerer Kopf, Übelkeit, Blässe, kalte Füße; muß sich festhalten, kann nicht mehr aufstehen, würde sonst wegsacken. Sie hat das Gefühl, die "Pumpe" funktioniert nicht richtig, der Körper läuft auf Sparflamme. Keinen Appetit; fühlt sich total daneben. Niedriger Blutdruck ist bekannt; Haut sehr schlecht und fleckig.

12.12.1989
Jetzt Druck nicht nur auf dem Herzen, sondern auf dem ganzen Oberkörper. Es wird ihr ab und zu schwallartig total heiß. Die Hitze geht von oberhalb des Nabels bis zur Brust; Kopf dabei leer. Schweißausbruch (kalt) an den Handinnenflächen; wenn es sehr schlimm ist, dann auch auf der Stirn; öfters am Tag, vor allem aber vormittags zwischen 9-11 Uhr. Sie denkt dann, daß sie keine Luft mehr bekommt; vor ein paar Tagen mußte sie aus einer rauchigen Kneipe sofort raus an die frische Luft gehen. Überheizte Räume

rauben ihr den Atem, z. B. wenn sie von draußen hereinkommt oder in die überhitzte U-Bahn steigt, bekommt sie schwache Knie. Kann jetzt öfters nicht einschlafen, weil Gedanken an die Arbeit sie wachhalten; oder sie wacht früh auf und kann dann nur schwer wieder einschlafen. Sie kann aber gut aufstehen (früher hat sie immer gut geschlafen); abends im Bett ab und zu Beklemmungsgefühle.

Appetit: eher auf etwas Herzhaftes, wie immer.
Durst: trinkt relativ viel (eine Flasche Mineralwasser und eine Kanne Tee), abends Bier, Sekt; wenn Wein, dann trockener Weißwein; muß aber aufpassen, da ihr Magen schnell übersäuert.
Stuhlgang: Zur Zeit dreimal täglich, wacht in der Früh auf, weil sie auf die Toilette muß (ca. 6.30 Uhr).
Menses: kommmt seit sechs Wochen nicht.
Haut: Sehr schlecht, vor allem an Dekollete und Hals. Teilweise große Flächen gerötet, Haarpapillen stehen hervor.
Viel Streß in der Arbeit; sie macht sich mehr Streß, als sein müßte; ist fast übergenau in ihrer Arbeit; sie setzt sich jeden Tag ein Pensum, schafft es aber nicht.

13.12.1989
Schnupfen geht weg, Halsweh kommt wieder. Brennen auf beiden Seiten, links schlimmer; Leerschlucken verschlimmert. Essen und Trinken bessert, danach aber schlimmer; warme Getränke bessern.

Besprechung
Die Patientin hat durch das Placebo alte Schrauben gelöst, aber es fehlt der Energieanstoß eines Mittels, das ihr Heilung bringt. Die Bereitschaft zur Heilung ist da. Aufgrund der Kreislaufsymptome, des Lufthungers und der Verschlimmerung im warmen Raum geben wir, ohne zu repertorisieren

- **Carb-v. LM 30,** 1x täglich, 2 Tropfen, ansonsten käme auch Sulfur in Frage.

20.12.1989
Fortsetzung 7
17.12.1989
Urticaria wieder schlimm, auch Juckreiz; vor allem am Dekolletè; Kratzen verschlimmert die Quaddeln; Gesicht wird eher rot und brennend; ganz schlimm auch morgens beim Abtrocknen nach dem

Duschen; hat am 15.12.89 zum ersten Mal CARBO-V. eingenommen; heute nicht mehr wegen Verschlimmerung der Hautsymptomatik. Die Schwächezustände sind nicht mehr vorhanden. Seit drei Tagen hat sie morgens beim Aufwachen Halsschmerzen, die drückend und brennend sind. Nach kurzer Zeit vergehen sie aber. Sie muß morgens ein weißes Sekret ausschneuzen. Großer Durst auf Wasser oder Tee; gestern ein Ansatz von Blutung (dunkel, flüssig)

Schwäche mit Carb.-v. weg

19.12.1989
Die Haut ist so schlecht wie am Anfang. Druck führt zu Quaddeln, z. B. morgens auf der ganzen Seite auf der sie gelegen ist.
Juckreiz: morgens und abends <; sie merkt ihn dann mehr, weil sie mehr Ruhe hat. Die Quaddeln verschwinden wieder ziemlich schnell.
Seit gestern konstant brauner Ausfluß (dünner als letzte Schmierblutung), gestern früh war ihr elend, schlecht, mit Bauchschmerzen; einerseits Tenesmus, der zu einem einmaligen durchfallartigen Stuhlgang führte, zum anderen drückender Schmerz nach oben im Bereich der Gebärmutter; ab und zu auch seitliche Stiche. Dann auch wieder Anflug von "Flau-Sein". (Vergleichbar mit den Schmerzen, wenn sie ihre Tage bekommt, nur sehr viel stärker). Das war am späten Vormittag vorbei. Sie hat jetzt etwas Angst, daß sie wieder starke Schmerzen bekommen könnte, wenn die Periode richtig einsetzt; wie damals, als sie die Pille das erste Mal absetzte (schreckliche krampfartige Schmerzen; dachte, sie bekäme ein Kind; Wärme besserte).
Gestern und heute morgen Aushusten von dunkelbraunem, klumpigen Schleim, Brennen beim und nach dem Husten.

Besprechung

Ihre akuten Symptome, u.a. brennende Halsschmerzen morgens, bald nach dem Aufstehen weg; bräunlicher Auswurf, sprechen für LYC. Sie steht kurz vor der Periode, deshalb mit LYC. LM60 bis nach der Periode abwarten. Wenn sie Schmerzen bekommen sollte, kann man ihr MAG-PHOS. geben, da sie solche krampfartigen Schmerzen hat, die durch Wärme besser werden. Wenn MAG-PHOS. nicht genug hilft, dann käme auch COLOC. in Frage.

Vor der Periode kein neues Mittel anfangen

Wenn es wirklich nicht besser geht oder die Periode nicht kommt, kann man ihr die Pille potenziert verordnen.

Einsatz der potenzierten Anti-Baby-Pille

17.1.1990

Fortsetzung 8

Nach dreimaliger Einnahme von Ovial 22 C 30 (Pille) trat an der Unterlippe ein Herpes auf, daraufhin wurde das Mittel abgesetzt. Der Herpes flammte trotzdem verstärkt auf und heilte nicht ab. Deshalb Nat-mur. LM 30. Daraufhin heilte der Herpes ab, verstärkte Zwischenblutungen am 9.1.90, fast wie Ansatz von Menses. Nat-mur. wird weitergegeben.
11.1.1990: Verstärkte Zwischenblutungen wieder weg. Herpes weg. Haut ist schlecht. Ovial 22 C 30 wieder weiter.
16.1.1990: Sie hat seit gestern abend das Gefühl, eine Grippe zu bekommen, fühlt sich matt. Trockener Mund, muß viel trinken (zimmerkalt), nützt aber nichts.
Kopfschmerz: Vom Nacken nach oben in den Kopf ausstrahlend, drückend. Ihr ist heiß, sie schwitzt leicht.
Haut: Ständig irgendwo rote Flecken, Juckreiz >, Quaddeln nur, wenn sie sich fest anstößt.
Seit einiger Zeit Sehschwierigkeiten: beim konzentrierten Sehen auf entfernte Objekte oder Stricken beim Fernsehen tiefer drückender Kopfschmerz über den Augen.

Im Zweifelsfall immer abwarten

Besprechung

Es ist zu früh, um die Grippe zu behandeln. Also erst einmal **abwarten**. Ovial wurde abgesetzt.

24.1.1990

Fortsetzung 9

Weiterer Verlauf:
Auch nach dem Absetzen des Mittels bleiben Symptome, wie großer Durst (wegen trockenen Mundes) und große Müdigkeit abends, bestehen. Ihr Schlafbedürfnis ist groß. Außerdem fällt ihr seit einiger Zeit auf, daß sie fette Gesichtshaut, Pickel, fette Haare und Schuppen bekommt. Seit zwei Tagen treten auch wieder verstärkt Blähungen auf, auch wenn sie nur Kleinigkeiten ißt. (Sind aber nicht so stark, wie sie schon einmal waren). Daß sie ihre Periode nicht richtig bekommt, "geht ihr auf den Wecker". Sie hat das Gefühl, Dreck in sich zu haben, der nicht herauskommt. Appetit: auf nichts Bestimmtes, trinkt am liebsten zimmerkaltes Wasser. Stuhl ohne Befund.

Besprechung

Rubriken:

1. *trockener Mund mit Durst*
2. *schläfrig 20 Uhr*
3. *aufgebläht nach dem Essen*
4. *unlöschbarer Durst*
5. *fette Gesichtshaut*
6. *fette Haare*
7. *Schuppen*
8. *Periode unterdrückt*
9. *Urticaria nach Kratzen*

Wir nehmen als erstes das Symptom, welches für die Patientin besonders wichtig ist, da alle anderen Symptome wenig ergiebig sind. Erst werden die akuten Symptome genommen, dann die chronischen. Wir arbeiten zwei gleichwertige Rubriken nach dem Ausscheidungsverfahren durch, lassen aber trotzdem die 2. Rubrik nicht aus.

Zu 1. und 2.: ALOE., ALUM., ARN., ARS., BAR-C., BELL., BERB., BRY., CAMPH., CAUST., CHEL., CHIN., CYCL., DIG., KALI-BI., LACH., LAUR., LYC., MAG-M., MERC-C., NAT-C., NAT-M., NIT-AC., NUX-M., PETR., PHOS., PLAT., RHUS-T., SARS., STRAM., SULF., TAB., THUJ.

Dazu kommen aus der 2.Rubrik die Grundmittel: CALC., ALLE CALC.-SALZE, KALI-C., KALI-P., KALI-S., NUX-V., PSOR., PULS., SEP., SIL.

Zu 3.: *Aufgebläht nach dem Essen:* ALOE., ALUM., ARS., BRY., CALC., CALC-S., CAUST., CHIN., KALI-C., KALI-P., KALI-S., LYC., MAG-M., NAT-M., NUX-M., NUX-V., PHOS., PSOR., PULS., RHUS-T., SEP., SIL., SULF., THUJ.

Zu 4.: *Unstillbarer Durst*: ALOE., BRY., CALC., KALI-P., LACH., MERC-C., NAT-M., PHOS., RHUS-T., SULF.

Zu 5.: *Fettige Gesichtshaut:* ARS.*, BRY., CALC., CAUST., LYC.*, MERC., NAT-M., PHOS.*, PSOR., RHUS-T., SEP.*, SIL., SULF.*, THUJ.*

Zu 6.: *Fettige Haare*: BRY., THUJ.*

(* ergänzt von Künzli "Repertorium Generale")

zu 7.: *Schuppen* nach *Künzli* als Grundrubrik zu nehmen): BRY., CALC-C., KALI-C., KALI-P., KALI-S., LYC., NAT-M., PHOS., PSOR., SEP., SULF., THUJ.

zu 8.: Unterdrückte Menses: ARS., BRY., CALC., CALC-S., KALI-C., KALI-P., LYC., NAT-M., PHOS., RHUS-T., SEP., SIL., SULF., THUJ.

zu 9.: Urticaria nach Kratzen: ARS., BRY., CALC., LYC., MERC., NAT-M., RHUS-T., SEP., SIL., SULF., THUJ.

Thuja als Reaktionsmittel

Da die Repertorisation uns auf keinen grünen Zweig bringt, sollten wir aufgrund der zwei Symptome, die neu sind, fettiges Haar und fettige Haut THUJA geben. Auch Clarke empfiehlt, THUJA zu geben, wenn man nicht aus der Symptomatik ersehen kann, wo es langgeht und eine sykotische Grundrichtung vorhanden ist. Solche verschleierten Fälle sind meistens sykotischer Herkunft. Darüber hinaus war MED. gut angezeigt, hat ihr aber nicht viel helfen können. Auch das ist ein Grund, THUJA zu geben.
Allgemein ist ihr warm, neigt unter den Achseln zum Schwitzen. Wir lassen die "verfrorenen" Mittel weg, wie ARS., CALC., usw.
Sie fühlt sich aufgrund des Symptoms fehlende Periode innerlich schmutzig. Deshalb ist PSORINUM nicht außer acht zu lassen. NAT-M. hat bisher keine einschneidende Wirkung gebracht. LYC. hatte vor zwei Monaten psychisch gut getan, und die Blähungen waren auch weg. Deshalb, wenn THUJA den Fall nicht mehr weiterbringt und keine anderen Symptome auftauchen, werden wir zurück zu LYC. gehen.

- **THUJA LM30,** 1 x täglich 2 Tropfen auf einen Eßlöffel Wasser

14.2.1990

Fortsetzung 10

Die Patientin wird von mir angerufen, da sie sich seit drei Wochen nicht mehr gemeldet hat. Sie hat Thuja aber gar nicht genommen, weil sie an diesem Tag eine Grippe bekam und auch jetzt noch unter Husten leidet. Sie überlegt sich überhaupt, ob sie die Behandlung noch weiterführen soll. Sie will sich wieder melden, wenn sie sich klar darüber geworden ist, wie es weitergehen soll.

Besprechung

Die Homöopathie löst oft Bewußtseinszustände aus, mit denen wir schwer zu kämpfen haben. Die Erkenntnisse sind schmerzhaft. Obwohl in den Augen des Homöopathen ein Fortschritt zu sehen ist (hier ist vor Selbsttäuschung strengstens zu warnen - das Grundgefühl muß positiv sein), kann ohne tiefgreifendes Verständnis für die Heilungsprozesse die Weiterbehandlung sowohl für den Therapeuten als auch für den Patienten unmöglich werden. Wir müssen so lange warten, bis der Organismus ein klares Bild herauskristallisiert. Dies geschieht erst dann, wenn ein Prozeß abgeschlossen ist; vorher in einen eindeutigen Prozeß einzugreifen, ist der größte Fehler, den wir machen können.

Manchmal ist der Patient noch nicht zur Heilung bereit bzw. der Therpeut kann das Simile nicht entschlüsseln

So mußten wir in diesem Falle warten und warten, und dennoch, als wir soweit waren, stellte der Patient etwas anderes dazwischen (die Grippe). Noch ein Zeichen dafür, daß die Entscheidung beim Patienten noch nicht eindeutig ist. Hätte sie die Grippe homöopathisch behandeln lassen, wäre ihr jetzt die Entwicklung höchstwahrscheinlich leichter gefallen. So empfindet sie, daß es ihr seit der homöopathischen Behandlung schlechter gehe; was auch gewissermaßen stimmt, da vieles ins Bewußtsein gerufen wurde, aber noch nicht verarbeitet worden ist. Wir müssen auch durch Tiefen gehen, sonst bleibt uns nur die Unterdrückung, die schlimme Folgen hat, weil jetzt die Seele großen "Druck" ausüben wird, um uns zum Heil zu bringen.

Selbstheilung = die Heilung des Ego

Hier möchten wir das Wort "Selbstheilung" analysieren. Es gibt immer wieder Menschen, die den Titel unseres Buches "Selbstheilung durch Homöopathie" bedauern und mißverstehen. Wenn darunter der Anspruch verstanden wird, selbst zu heilen, dann wäre dies eine bedauernswerte Anmaßung. Aber das ist ein Wort, das nicht in "Selbst" und "Heilung" getrennt werden kann. "Selbstheilung": Die Heilung im Selbst durch die Seele, die Heilung des Ego.

Jede andere Art von Heilung ist keine echte Heilung, sondern eine Symptombekämpfung. Der freie Wille des Menschen muß respektiert werden. Nur er kann entscheiden, wie, wo und wann. Der Therapeut leistet dann die entsprechende Hilfe zur Selbstheilung. Aber wir haben so viele Jahrtausende mit Zwang gelebt, daß wir kaum anders zu handeln wissen.

Frau N., 50 Jahre

Neurodermitis und Asthma

Vorgeschichte

Neurodermitis und Asthma seit Kindheit

Als Säugling hatte sie ab dem 14. Tag Neurodermitis an Armbeugen und Kniekehlen; mit sechs Jahren Asthma (Schulzeit). Die Krankheit steigerte sich, bis sie mit zehn Jahren zur Kur an die Nordsee mußte. Ab dem 18. bis zum 40. Lebensjahr war das Asthma weg, dafür wurde die Haut am ganzen Körper sehr schlimm. Mit 18 Jahren kam sie in die Uniklinik, wurde "eingeteert" und mit Cortison behandelt. Anschließend war sie acht Tage beschwerdefrei, dann erschien die Neurodermitis erneut. Es erfolgte der Umzug nach Sylt (das Klima half nur ein halbes Jahr), dann in den Schwarzwald, dann nach München. Ab dem 40. Lebensjahr bekam sie wieder lebensbedrohliches Asthma und wurde mit Blaulicht einige Male in die Klinik gebracht. In den letzten Jahren Ernährungsumstellung und Ausleitungsverfahren.
Die Bachblüten haben ihr am meisten geholfen. Die Sicherheit in ihr ist gewachsen, die Krankheit ablegen zu können.

Anfang des Jahres erfolgte ein Aufenthalt in Reute wegen der Neurodermitis. Jetzt versucht sie sich ein neues Leben aufzubauen: Fremdsprachenkorrespondentin, Kinderpflegerin, Erzieherin, Heimleiterin, Lernbehindertenschule.

fühlt sich sehr schnell eingeengt, reagiert mit Asthma und Hautsymptomen

In jeder Zwangssituation reagiert sie über die Haut.
"Ich brauche sehr viel Freiheit und fühle mich sehr schnell eingeengt, wenn ich nicht so reagieren kann, wie ich eigentlich möchte."
Beispiel: Sie betreute in der Schule die Kinder von zwei Kolleginnen, diese schienen ihr sehr wohlgesonnen, waren es aber nicht. Wenn sie die Kinder übernehmen mußte, reagierte sie mit Asthma oder mit Hauterscheinungen oder mit beidem.

Im Oktober 1988 hat sie ihre Mutter mit 92 Jahren verloren, ein halbes Jahr später starb ihr Partner. Den Sommer über hatte sie eine glatte Haut. Sie muß ihren Haushalt auflösen und hat ihre Vergangenheit noch nicht ganz verarbeitet.

Sie hat jetzt unruhige Nächte wegen der Haut; sie kratzt, wenn sie allein ist. Sie beherrscht sich so lange, wie sie das für nötig hält. Es juckt an vielen Stellen gleichzeitig.

Bachblüten: White Chestnut, Red Chestnut, Crab Apple, Star of Bethlehem, (Clematis, Agrimony, Willow)
"Ich klebe an allem (Menschen, Einrichtung); ich hatte nur diese beiden Menschen, die ich loslassen mußte. Durch meine Krankheit habe ich gelernt, viel mehr auf die innere Stimme zu hören."
Frage: "In welchen Situationen können Sie nicht auf ihre innere Stimme hören?" - "Ich nehme an, es sind Kontaktängste. Ängste, ich möchte in die Zukunft schauen, aber die Vergangenheit ist noch nicht abgeschlossen. Ich habe mit einigen Menschen abgeschlossen und habe nur noch die Menschen, die ich mag."

Die Krankheit lehrte sie, auf die innere Stimme zu hören

Nach einer Mayr-Diät vertrug sie keine Rohkost mehr und bekam heftige Blähungen.
Unverträglichkeit: Kohl
Abneigungen: Fleisch (ißt es aber), Milch (pasteurisiert)
Verlangen: Süßes, milchsauervergorene Gemüsesäfte, Nüsse, Käse (Camenbert, fettreich), warmer Kräutertee.

Allgemeines

Wenn sie eine Erkältung hat, bekommt sie eher Asthma. Sie neigt zu Erkältungen, besonders wenn sie friert. Naßkaltes Wetter<.
"Ich wache gerne morgens auf." In den letzten 5-6 Jahren viel gelitten, teilweise nur 1-2 Std. geschlafen. Sie wußte, daß Mutter und Freund sterben würden. Seit dem Tod des Freundes schläft sie sehr gut. Sie geht davon aus, daß sie alles in den Griff bekommt. Die Angst kommt erst, wenn es bedrohlich wird.

Besprechung

Neurodermitis hat das tuberculinische Miasma als Gundlage. Das bedeutet nicht, daß Tub. das Mittel ist. In diesem Fall können wir nicht mit Tub-bov. anfangen, obwohl sie tuberculinische Symptome hat. Es wird im Laufe der Behandlung ein wichtiges Mittel sein. **Mit Tub-bov. kann begonnen werden, wenn der Patient einen akuten "passenden"“ Zustand hat, wie z.B. eine Erkältung, hätte. Nur dann hätte Tub-bov. auch auf die Haut eine günstige Wirkung. Andernfalls wäre mit einer Verschlimmerung der Haut zu rechnen. Im chronischen Fall muß Tub. eindeutig das vordergründige Mittel sein.**

Neurodermitis hat das tuberkulinische Miasma als Grundlage

Cave! Mit Tub. nur beginnen, wenn es vordergründig angezeigt ist

Neurodermitis und Asthma

Das Wesen der Patientin entspricht **Staphisagria**, vor allem der **Charakterzug des Durchstehens**. Sie muß in dem Zwang, der auf sie gesetzt wurde, bleiben. Als Ventil für die Zwangssituation reagiert sie mit der Haut und mit Asthma.

Jemand fragt nach Lycopodium. Antwort: Erstens hat die Frau wenig Lycopodium-Symptome vom Geistigen her, und zweitens hat es wenig Bezug zu Neurodermitis.

Wichtige Neurodermitismittel: Staph., Psor., Tub-bov.

Staph. ist generell ein wichtiges Mittel für Neurodermitis.Bei Neurodermitis zusammen mit Asthma ist auch Psorinum wichtig.

Bei der Patientin kommen die drei Mittel Staph., Psor. und Tub-bov. in Frage.

- **Staph. LM120,** tgl. 2 Tropfen auf Wasser.

8.11.1989

Fortsetzung 1

23.10.1989

alte Symptome treten auf und verschwinden wieder

Sie nahm Staph. um 14.30 Uhr; um 15.00 Uhr kamen die ersten Bläschen am rechten Mundwinkel, die bis zum Abend wieder verschwanden. Die Bläschen hatte sie früher oft, und sie blieben immer lange. Eine 3/4 Stunde später bekam sie rote Wangen, Röte im Gesicht und Juckreiz; abends blaßte alles ab.

Staphisagria heilt Sucht nach Schokolade

Frau N. hatte ihr ganzes Leben Heißhunger auf Schokolade etc. Es war fast wie eine Manie, die sie verstandesmäßig nicht in den Griff bekam. Das Verlangen nach Süßem ist jetzt weg.

Sie hatte zwei sehr schlimme Tage mit der Haut, als sie den Nachlaß regelte. In den letzten 48 Std. ist die Haut wesentlich besser geworden. Letzte Nacht bekam sie einen Asthmaanfall (21.00 - 3.00 Uhr); sie mußte Licht anlassen. (Das kennt sie nur aus einer sehr angstvollen Periode von früher). Heute hat sie nur Husten; vorher Absonderungen aus der Nase; jetzt läuft nichts mehr; nun hat sie weißlichen Auswurf (heute ist der erste Tag der Periode). Verlangen nach lauwarmem Wasser; Abneigung gegen Kaltes; Husten ist schlimmer bei kalter Luft und Sonne (beengtes Gefühl in der Sonne).

Es folgt eine Erkältung: Tub-bov.

- **Tub-bov. LM120,** bei Erkältung 1x täglich 2 gtt auf Wasser.

8.11.1989

In der ersten Nacht nach der Mitteleinnahme schlief sie zehn Stunden, so gut wie schon seit Ewigkeiten nicht mehr. Nur einmal wachte sie kurz auf. Sie hatte eine Stunde nach der ersten Gabe eine Verschlimmerung des Hustens, aber die Atemnot war weg; Grippegefühl; sehr große Müdigkeit und Mattigkeit; sie wachte in der Nacht um 2.30 Uhr auf, war schweißgebadet; am nächsten Tag hatte sie immer noch ein Grippegefühl; eine Stunde nach der zweiten Gabe am Morgen besserten sich alle Symptome; mittags wurde sie wieder müde; nachmittags bekam sie einen rötlichen Hautausschlag am Dekolleté; sie war den ganzen Tag appetitlos. Sie hat großen Durst auf Tee, gegen Abend fühlte sie sich allgemein besser, aber etwas heiser.

Atemnot weg, Husten und Grippegefühl verstärken sich, reichlich Auswurf

In diesen Tagen war sie mehr aktiv und sortierte 6000 Dias aus den letzten zehn Jahren aus.
Nachts um 2.30 Uhr aufgewacht mit starkem Hustenanfall und reichlich lockerem Auswurf.

Verlauf der ersten drei Tage nach TUB-BOV.:
25.10.1989
Sie war morgens noch sehr matt; nahm eine Gabe TUB-BOV. LM120, und ab 14.00 Uhr fühlte sie sich besser; morgens ist die Zunge dick, grau belegt, abends nicht mehr.

26.10.1989
Morgens wieder schlimmer; leichte Nackensteifigkeit; machte einen Einlauf; hat sehr großen Durst. Abends ist sie sehr erschöpft (wieder Dias angeschaut).

27.10.1989
Zäher, dicker Schleim mit gelben Fäden; eine Stunde nach der Einnahme spürte sie eine Besserung; nochmals Ausschlag am Dekolleté; sie fing wieder an zu essen; der Husten ist noch da und ist sehr festsitzend; sie hustet morgens nach dem Aufstehen mit zähem, graugelbem Auswurf.
Sie nahm insgesamt sieben Gaben und hatte dann das Gefühl, daß sie das Mittel nicht mehr nötig habe.

Besprechung
Frage: Wie sieht die Weiterbehandlung aus?
Antwort: Es ist kein Bedürfnis da, etwas einzunehmen. Die Patientin äußerte sich so: "Ich habe aber das Gefühl, daß ein Mittel bestellt werden müßte. Mit TUB-BOV. hatte ich eine unruhigere Zeit als

Auf die Bedürfnisse der Patienten achten!

mit STAPH. "Im Gegensatz zu früher habe ich jetzt morgens einen unregelmäßigen Zeitplan; gegen Abend wird die Haut dann ruhiger."

Eine Reaktion auf ein Mittel kann eine Verschlimmerung vortäuschen, ist aber als Heilreaktion in Form eines Ausscheidungsprozesses oder einer Entladung zu werten.

Sie friert nicht mehr so wie früher, hat aber Verlangen nach kalten Getränken. PSORINUM soll bestellt werden. STAPH. könnte später wieder in Frage kommen. Es wird beschlossen, noch abzuwarten.

Frage: War die erste Verschlimmerung nach TUB-BOV. nicht ein Zeichen zum Absetzen?
Antwort: Nein, es war nur ein Ausscheidungsprozeß, keine Verschlimmerung, seelisch ging es ihr besser, das Asthma war weg; nur der Husten mit Auswurf wurde schlimmer.
Frage: Wie wäre ein Wutanfall als Reaktion auf ein Mittel einzuschätzen?
Antwort: Genauso. Wenn es einem danach gut geht, d.h. eine notwendige Entladung stattfindet, ist es keine Verschlimmerung.

29.11.1989

erneute Erkältung: Sulfur

Fortsetzung 2
In der Zwischenzeit nahm sie kein Mittel und bekam erneut eine Erkältung. Sie hatte wenig Symptome, außer Verlangen nach warmen Getränken und auch großen Durst. Frische Luft tut ihr gut.
● **SULFUR LM120,** einmal täglich 2 gtt auf einen Eßl. Wasser

Besprechung
Sulf. war eindeutig angezeigt in dem Verlangen nach warmen Getränken, dem großen Durst und dem Bedürfnis nach frischer Luft.

Frage: Muß die frische Luft guttun?
Antwort: Die frische Luft kann ein Lokalsymptom verschlimmern, aber allgemein guttun.

Die innere Bereitschaft ist die Voraussetzung für Heilung

Frage: SULFUR soll kein Mittel für Neurodermitis sein?
Antwort: Sulf. ist kein Grundmittel dafür, aber es kann für manche Patienten in Frage kommen und den Fall weiterbewegen oder vieles klären, so daß das nächste Mittel sehr tiefgehend wirkt. Die Frau entschied sich nach der zweiten Ausscheidungsreaktion in so kurzer Zeit, keine homöopathischen Mittel mehr zu nehmen. Gerade dann, wenn man vor der Schwelle der Heilung steht, können solche Entscheidungen gegen sich selbst fallen.

Frau J. 20 Jahre

Komplikationen nach Weisheitszahnextraktion

Vor drei Wochen wurde Frau J. links unten der Weisheitszahn herausoperiert. Mit folgenden Beschwerden kommt die Patientin: heißes Gefühl im linken Unterkieferknochen vom Kieferwinkel bis zum Foramen mentale. Drückender Schmerz; ein volles Gefühl, wie bei Schnupfen; besser durch Liegen auf der kranken Seite; Verschlimmerung nachts.

Schmerzcharakteristik und Modalitäten

Aus der Operationswunde entleert sich eine gelbe Absonderung. Auf der Narbe sind zwei rote, fistelartige Schleimhautblasen, aus denen ebenfalls eine gelbe Absonderung austritt.
Frau J. fieberte am Montag. Sie hat keinen Durst.

Besprechung

Repertorisation

Heißes Gefühl im Kieferknochen steht nicht im *Kent*, statt dessen nehmen wir die folgenden Symptome:
1. *Hitze im Gesicht, bei Zahnschmerzen*:
Ferr-phos., Graph., Nat-mur., Phos., Sil., Stann. Staph.
und vergleichen mit
2. *Drückender Schmerz im Unterkiefer:*
Phos., Silicea bleiben übrig.
Sil. paßt am besten, weil die Fisteln sich direkt auf der Narbe gebildet haben und Sil. einen Bezug zum Weisheitszahn hat.

Einer aus der Gruppe fragte nach Hepar sulf. Hepar ist aber sehr berührungsempfindlich und kommt auch bei den Symptomen nicht vor.

- **Silicea LM30,** 2x tgl. 2 Tropfen

Frau J. meldete sich nicht mehr.
Das ist öfter der Fall. Meist hat das Mittel prompt und gut gewirkt, und man erfährt manchmal erst nach Jahren davon (einmal nach über zehn Jahren) und dann über viele Ecken, oder wenn der Patient uns wieder braucht. Es geht dem Patienten gut, und er ist wieder voll im Alltag: Das Unangenehme (die Krankheit) ist schnell

Oft erfährt der Behandler erst Jahre später, wie gut das Mittel gewirkt hat.

vergessen. Es wird auch erwartet und ist selbstverständlich, daß der Heiler zu helfen hat. Nicht vielen ist bewußt, daß auch Dank gebührt und der Heiler sich über die positive Nachricht freut. Sein Dank gebührt Gott.
Als Hahnemann von einer Frau, der er BRYONIA für ihre Magenbeschwerden gab, nichts mehr hörte, ging er selber hin, um sich zu erkundigen. Die Frau erklärte ihm, wozu solle sie zu ihm kommen, wenn es ihr gut gehe? Sie habe ohnehin ein volles Tagwerk zu verrichten, das durch die Krankheit beeinträchtigt gewesen sei.

Frau M. 58 Jahre

Migräne nach Gehirnerschütterung

4.10.1989

Vorgeschichte

Frau M. leidet seit 35 Jahren an periodisch auftretender Migräne mit hämmernden Kopfschmerzen an der linken Schläfe. Damals setzte ihr Bruder ihr seinen Feuerwehrhelm auf und schlug ihr mit der Faust auf den Kopf. Da der Helm schlecht paßte, bekam sie eine Gehirnerschütterung, die jedoch unbehandelt blieb.

Schmerzcharakteristik und Modalität

Der Schmerz ist pochend-hämmernd in einem eng umschriebenen Bereich an der linken Schläfe. Der Schmerz ist unterschwellig immer vorhanden, steigert sich aber anfallsweise so, daß der Notarzt kommen muß. Die Anfälle beginnen zwischen 1 und 2 Uhr nachts, meist in der Nacht von Samstag auf Sonntag. Während der Schwangerschaft hatte sie keine Schmerzen. Verschlimmerung durch Kummer. ("Als meine Mutter so krank war ...")

Begleitsymptome

Schwäche, Übelkeit bis zum Erbrechen von Galle; sie muß sich auch noch übergeben, wenn nichts mehr kommt. Vor dem Anfall hat sie viel Durst, besonders auf Limo.

Allgemeinsymptome und Modalität

Sie schläft unruhig und träumt viel von der Vergangenheit. Nachts steht sie zwei bis dreimal auf, um Wasser zu lassen und etwas Limo zu trinken. Sie sagt von sich selbst, daß sie nervös sei. Allgemein hat sie viel Durst auf Limo (Bier würde sie auch trinken. Sie verzichtet darauf, da es alkoholisch ist.) Sie hat starke Abneigung gegen Fett, gegen Süßes sowie gegen Geflügel und Fisch.

Geistes- und Gemütssymptome

Frau M. führt keine sehr glückliche Ehe. Ihre früheren Interessen, wie Opern- und Theaterbesuche, gab sie ganz auf, da ihr Mann dafür weder Interesse noch Verständnis zeigte. - Sie arbeitet als Sekretärin bei einem Bauträger. Sie wirkt unterdrückt, die Bewegungen sind geduckt, sie traut sich nichts zu und versucht mit einem Lächeln zu überspielen, daß es ihr nicht gut geht.

Medikamente: Novadral® retard (tgl. mehrere Tabletten) und Dihydergot®-Injekt.

Besprechung

Wir haben uns sofort auf Tub-bov. geeinigt. Kopfschmerzen in Folge von Gehirnerschütterung hat u. a. auch Tub.

In der Schwangerschaft hatte sie keine Schmerzen, das läßt nur Tub-bov übrig. Tub-bov. geht es blendend in der Schwangerschaft. Sie fühlte sich sehr wohl, hatte viel Energie, alle chronischen Beschwerden verschwanden.

Tub-bov. geht es blendend in der Schwangerschaft

Tub-bov. ist schwangerschaftsfreudig. Manche Frauen fühlen sich jeden Monat ab dem Eisprung wohl, bis die Peroide kommt. Sie werden regelmäßig schwanger und haben regelmäßig einen unbemerkten Abort (siehe Abortneigung bei Tub-bov.).

8.11.1989

Fortsetzung 1

Tub. gibt ihr viel Energie

Es geht ihr mit Tub-bov. allgemein ganz gut; sie wird viel lebendiger und aufgeschlossener und hat mehr Energie; sie hat wieder Lust, ins Theater zu gehen.

Die Kopfschmerzen sind gleichbleibend, auch Puls. LM6, zusätzlich eine Woche lang, bringt keine Besserung.

Vier Wochen Tub-bov. zu nehmen, ist zu kurz, da die Migräne seit 35 Jahren besteht. Das Mittel wird weiter gegeben.

● **Tub-bov. LM 120,** 1x wöchentlich und Puls. LM 6 tgl. besserten, aber inwieweit, ist von der Patientin nicht zu erfahren. Eine weitere Behandlung ist nicht erwünscht.

Frau G. 62 Jahre

Herzrasen

11.10.1989

Vorgeschichte

Frau G. hatte vor 27 Jahren Ovarektomie links, vor 25 Jahren Mammaamputation links; ferner eine Totgeburt, einen Abort im fünften Monat, Bestrahlung des rechten Ovars, dann Hysterektomie. 1972 und 1973 Operation des Lymphödems am linken Arm, in der Folge bekommt sie Gleichgewichtsstörungen.

Aktuelle Beschwerden Modalitäten

Die Augenlider sind geschwollen und jucken. Der Hautbereich zwischen den Augen ist trocken.
Sie leidet an Atembeschwerden mit schleimigem Auswurf, der weißlich-grünlich und bröckelig ist.
Der Herzschlag ist beschleunigt mit Druckgefühl am Brustbein. Druck bringt Besserung. Bisher nimmt sie dafür Dociton 10®.

Causa: Angst wegen Spielsucht des Ehemannes

Diese Beschwerden treten vor allem in Verbindung mit Angst auf. Sie hat Angst, weil ihr Mann schon einige Male beim Spielen (Roulette) höhere Summen verspielt hat. Sie wußte nichts davon und erfuhr es nur zufällig, als die Bank wegen eines Kredites anrief. Als sie dies hörte, lief sie von zu Hause weg; es war ihr, als ob ihr der Boden unter den Füßen weggezogen werde. Ihr Mann versprach, nicht wieder zu spielen. Wenn sie darüber sprechen, gerät er in Wut.
Sie ißt gerne Salate, Quark, Käse, manchmal Eier.

● **PHOSPHOR LM60,** 2-3x tgl., ist vom Behandler schon verordnet worden. Er möchte jedoch den Fall mit uns besprechen.

Besprechung

Differenzieren: Herzrasen anfallsweise oder plötzlich

Symptom: *plötzliches Herzrasen*. Es gibt *anfallsweises* oder *plötzliches* Herzrasen. Was ist der Unterschied?
Plötzlich bedeutet nicht, daß es einem dabei schlecht geht im Unterschied zum Anfall, wo der ganze Organismus mitbeteiligt ist.
Wir schauen unter ***BRUST*** die Rubriken *Schmerz, drückend - Mitte der Brust* und *Herzklopfen anfallsweise* an. (ACON., ARS., AUR., LACH., LYC., MAG-P., MERC-IOD-FL., NAT-M., NIT-AC., NUX-V., PHOS., PLUMB., PULS.)
In der ersten Rubrik finden wir SEPIA und auch PHOS. In der zweiten Rubrik ist kein SEPIA, aber PHOSPHOR dabei.

Sepia macht sich Sorgen um die Familie

Jedoch soll das kein Grund sein, SEPIA auszuschließen, wenn wir die Umstände miteinbeziehen. SEPIA macht sich Sorgen um die Familie, um Geld. Aufgrund dessen müßten wir als erstes SEPIA geben. Der Behandler meint, SEP. könnte passen, da sie ständig versucht, den anderen zu helfen, und sonst sehr unruhig und fahrig ist.
PHOSPHOR wurde vom Behandler schon gegeben. Wir warten die Wirkung von PHOS. ab. Die Fallaufnahme ist dürftig. Um gezielt zu arbeiten, sollten etwas mehr wesentliche Symptome in der Befragung erarbeitet werden.

25.10.1989

Fortsetzung 1

Phosphor bessert nicht

Sepia bringt alte Symptome hervor

Mit PHOS. erfolgte keine Besserung, also bekam sie SEPIA LM30. Das anfallartige Herzklopfen ist mit SEPIA viel besser geworden; auch um ihren Roulette spielenden Mann macht sie sich keine Sorgen mehr. Jetzt sind die Augenlider und die Unterlippe geschwollen und gerötet. SEPIA hat den akuten Zustand gebessert, aber alte Symptome kehren zurück.

Besprechung

Frage: Wie geht die Behandlung weiter?
Antwort: Das Mittel wird für längere Zeit abgesetzt und abgewartet, welcher Zustand und welches Mittel sich herauskristallisiert. Wichtig ist, daß es ihr nach dem Absetzen nicht schlechter geht. Dann müßte SEPIA weiter gegeben werden, oder wenn die Augensymptomatik erfaßt ist, ein zweites Mittel dazu gegeben werden.

8.11.1989

Fortsetzung 2

nach Absetzen von Sepia fieberhafter Infekt

Frau G. ging es besser, und sie ließ SEPIA daraufhin weg. Sie bekam einen schweren Infekt mit Fieber, Husten und Schnupfen. Für die Erkältung nahm sie kein Mittel. Die Erkältung ging von alleine weg. Sie nahm SEPIA von sich aus danach weiter.

Infekt möglicherweise als Ausscheidungsreaktion zu werten

Besprechung

Beim Infekt könnte es sich um eine Ausscheidungsreaktion handeln. **Bei oder nach Ausscheidungsreaktionen kann man ohne weiteres das Mittel weiter geben, außer, es käme etwas dazwischen.**

15.11.1989

Fortsetzung 3

Erneuter fieberhafter Infekt mit Husten

Seit einigen Tagen hat sie wieder Fieber (38,5 °C), Gliederschmerzen, ist abgeschlagen; Appetitlosigkeit; der Husten ist tagsüber leichter und vor allem nachts schlimmer; es ist ein Kitzelhusten. Der Auswurf ist gelb-grünlich und "bröckelig". Sie hat Verlangen nach kalten, sauren Getränken, die aber dem Hals nicht guttun. Warmes und warme Getränke tun ihr in der Luftröhre gut. Sie hat ein Brennen in der Luftröhre bis in die Bronchien.
Das Verlangen nach SEPIA war da, es tut dem Geist gut, deshalb hat sie das Mittel weitergenommen.

Besprechung

Sulfur

Folgende Symptome sind für die Mittelwahl berücksichtigt worden:
- Ihr ist eher warm
- Kaltes tut ihr nicht gut, Warmes bessert den Hals
- Verlangen nach kalt-sauren Sachen
- Schlaf gestört durch den Husten
- ● **SULF. LM30,** 2x tgl. 2 Tropfen.

Husten - Schlaf Rubriken im Repertorium

Verschiedene Rubriken zu *HUSTEN - SCHLAF*:
HUSTEN:
- *nach dem Schlaf:* erst nach dem Ausgeschlafensein, nicht direkt beim Erwachen.
- *beim Erwachen*: Der Husten kommt gleich beim Aufwachen.
  - *nachts Erwachen*
  - *morgens Erwachen*
- *stört den Schlaf*: kein richtiges Aufwachen, im Halbschlaf, schläft wieder ein.
- *wacht auf durch Husten*: das kann tags und nachts sein.

Es gibt zwei Rubriken, die dem Sinn nach gleich sein könnten, aber unterschiedliche Mittel beinhalten.

1. – unter *SCHLAF - Erwachen durch Husten*
   (waking from cough)
   Erwachen ist der Zeitpunkt, wo man ausgeschlafen ist; es besteht kein Schlafbedürfnis mehr; man kann zwar noch liegenbleiben, aber der Schlaf ist vorbei.
2. – unter *HUSTEN - Schlaf, wacht auf durch Husten*
   (cough wakens from sleep)

Der Husten holt ihn aus dem Schlaf heraus, wonach er gleich wieder einschlafen kann, oder er bleibt eine Zeitlang wach und schläft dann wieder ein.

7.2.1990

Fortsetzung 4

Ehemann spielt wieder

erneut Herzrasen, Atembeschwerden, Trauer

Nach SULFUR nahm Frau G. kein Mittel mehr. Vor Weihnachten ging es ihr wieder schlechter, da sie zufällig erfuhr, daß ihr Mann wieder gespielt hatte. Er hatte sich wieder eine beträchtliche Geldsumme von seiner Mutter ausgeliehen. Bis dahin fühlte sie sich gut und kräftig, sie machten einige Tage Urlaub in einem Heilbad. Seitdem Frau G. weiß, daß ihr Mann wieder gespielt hat, bekommt sie wieder Herzrasen und Herzstolpern in Ruhe. Im linken Lungenflügel hat sie das Gefühl, als ob Schleim stecke, der sich nicht löste. Beim Radfahren tritt Kurzatmigkeit auf, beim tiefen Einatmen pfeift es. In ihr ist eine unendliche Trauer über das verlorene Vertrauen. Sie kann jetzt manchmal weinen, kürzlich auch über die Totgeburt ihres Sohnes vor 30 Jahren. Sie redet jetzt mit ihrem Mann offen über das Spiellaster. Er droht, wenn sie ihn verlasse, würde er sich erschießen. Er könne nicht mitansehen, wenn es ihr schlecht gehe und sie leide.

Morgens geht es ihr schlecht, oft schläft sie nur ein bis zwei Stunden. Sie kann erst schlecht einschlafen und wacht um ein Uhr wieder auf, kann erst gegen Morgen weiterschlafen. Sie muß aber um 6 Uhr aufstehen und fühlt sich daher sehr erschöpft. Überhaupt hat sie in letzter Zeit keine Kraft mehr, fühlt sich lahm und hat auch keinen Auftrieb. Sie würde am liebsten alles liegen und stehen lassen. In der Nacht, wenn sie wach ist und nicht schlafen kann, hat sie einen Nüchternheitsschmerz mit Hungergefühl, trinkt dann warme Milch oder stellt sich unter die Dusche. Wasser hilft in allen Lebenslagen. Sie geht gerne im Regen und Nebel spazieren. Feuchtigkeit tut gut. Sie hat eine Gier nach Bewegung an frischer Luft. Sie trinkt kaltes Wasser, mehr als früher. Sie mag besonders Rohkost (knackige Karotten, roher Blumenkohl), Säuerliches, Salat, Kiwi.

Besprechung

Frage: Soll man SEP. in höherer Potenz weitergeben? Oder ein anderes Mittel?

Antwort: Im Grunde ist nichts Neues da. Deshalb SEP. weitergeben, aber in einer **LM 90**, 1x täglich zwei Tropfen - also höher. Wenn das nicht hilft, muß man ein anderes Mittel finden.

weiter Sepia (Potenzsteigerung)

28.2.1990

Fortsetzung 5

Frau G. hat seit zehn Tagen starke Beschwerden am Gleitwirbel LWK 4/5. SEP. LM 90 wurde vor drei Tagen abgesetzt.
Sie fühlt sich vom Geistigen her stabiler. "Ich bin bei mir; die Gefühle überfluten mich nicht, ich kann meinen Verstand einsetzen". Herzrasen und Kurzatmigkeit sind weg.

"Ich bin bei mir; die Gefühle überfluten mich nicht mehr"

Gleitwirbelbeschwerden hat sie schon seit der Jugendzeit! Längere Zeit hatte sie keine Beschwerden, dann aber gehäuft.
Der Schmerz kommt häufig, meist nachts. Er ist pochend, klopfend wie eine Eiterbeule, nagend, ausstrahlend in den Afterbereich, manchmal bis in die Wade. Zugleich hat sie Wechsel zwischen Obstipation und Diarrhoe, Blähungen und starke Leibschmerzen. Die rechte Bauchdecke und die rechte Gesichtshälfte werden pelzig.
Verschlimmerung durch Liegen und ungeschickte Bewegungen, schlechte Sitzhaltung, z.B. im Auto oder Sessel. Bei Kälte ist der Rücken verspannt.
Besserung durch gerade, aufrechte Haltung (eine Stunde Meditation hat wiederholt Besserung gebracht); auch Yoga, Bewegung und Gehen bessern; Wärme lindert; im Sommer hilft Schwimmen am besten.

Herzrasen und Kurzatmigkeit sind weg

alte Wirbelbeschwerden werden akut

Wenn das Fieberthermometer im After einen bestimmte Stelle trifft, entspannt dies den gesamten unteren Beckenboden. Auch das Tasten mit dem Finger im Rectum bringt Lösung. Die linke Körperhälfte ist vom Schambein bis unter die Achsel vernarbt. Die rechte Körperhälfte wird immer stark beansprucht und überlastet.
Vor zwei Tagen wurde eine Jin Shin-Behandlung (Strömungsbehandlung) durchgeführt - danach fühlte sie sich einige Stunden sehr aufgewühlt, und ihr war übel, nach einigen Stunden Schlaf erfolgte eine deutliche Besserung. Die Schmerzstelle fühlt sich an, als ob warmes Wasser darüberfließen würde. Nach der Behandlung kein Verlangen mehr nach Wärme, sondern nach Kühlung.

Besprechung

Das Fehlen eines Mittels in einer Rubrik des Repertoriums hat keine große Bedeutung.

Alle Symptome, die aufgetreten sind, passen auch zu SEPIA (d.h. sie sind im Mittelbild enthalten). SEPIA hat ihr sehr gut getan und auch einiges an körperlichen Symptomen genommen. Es soll erst abgewartet werden. Etwa innerhalb eines Monats wird sich zeigen, ob sie alleine die alte Problematik bewältigen kann oder Hilfe benötigt. Aus diesem Fall lernen wir zusätzlich, daß das Fehlen eines Mittels in einer Rubrik keine große Bedeutung hat, zumal wenn dieses Symptom gut zum allgemeinen Wirkungsbereich des Mittels paßt.

Das wesentliche Verständnis der Materia Medica führt uns zum passenden Mittel.

SEPIA hat das anfallsartige Herzrasen beseitigt. Es kann im Repertorium mit (-) eingetragen werden. Auch die vollständigen Repertorien sind vielfältig zu ergänzen. Die umfangreichen Arzneimittel-Monographien von *Dr. von Keller* zeigen uns, wie viele Symptome im Repertorium ergänzt werden müßten.

Jedoch wird uns ein wesentliches Verständnis der Materia Medica trotzdem zum Mittel führen. Das Repertorium dient als Hilfsmittel und ersetzt die Kenntnisse der Mittel nicht.

7.3.1990

Fortsetzung 6

rezidivierendes Erysipel flammt auf - Aconit hilft schnell

Vor acht Tagen entwickelte sich ein Erysipel am linken Arm (das letzte war vor fünf Jahren mit dramatischem Verlauf). Plötzlicher Beginn, rascher Temperaturanstieg auf 40 °C, große Angstzustände, anfangs Schüttelfrost. Während dieser Zeit keine Beschwerden in der LWS! Sie nahm ACON. C 200 halbstündlich; schon am nächsten Tag Erleichterung, nachts starkes Schwitzen, am nächsten Morgen 39,7 °C Fieber, tagsüber noch schwindelig und schwach, der Arm "fühlt sich sehr gut an". Sie sagt, daß sie ein Erysipel noch nie so gut überstanden hätte.

Wirbelbeschwerden treten wieder auf

Pulsatilla bringt starke Besserung

Nun begannen wieder wie vorher die Beschwerden in der LWS. In den ersten Tagen waren die Schmerzen noch auszuhalten, seit zwei Tagen sind sie kaum mehr zu ertragen. RHUS-T. C 200 dämpfte die Schmerzen etwas, brachte aber kaum Erleichterung. Gestern nachmittag bekam sie erneut eine Jin Shin-Massage. Gestern abend hat sie PULSATILLA C 200 genommen. Es bewirkte eine sehr starke Besserung.

Sie konnte die ganze Nacht schlafen und "fühlt sich so gut wie schon lange nicht mehr".

Besprechung
Die Symptome, die zu Puls. führten, waren:
1. Die einzige Erleichterung brachte langsame und sanfte Bewegung.
2. Sie fühlt sich draußen allgemein gut.
● **PULSATILLA C200** weiter 1x täglich.

28.3.1990
Fortsetzung 7
Nach ein bis zwei Tagen kam die alte Symptomatik in unverminderter Härte wieder zurück. Die Schmerzen sind so schlimm, daß "man sich das Leben nehmen möchte". Es nagt wie ein Wurm, Lebensfreude ist nicht mehr möglich. Wenn sie es nicht mehr aushalten kann, weint sie. Nachts findet sie keine Ruhe, muß immer wieder aufstehen und Yoga-Übungen machen. Vor etwa acht Tagen nahm sie NUX-V. C 200 – wieder ein bis zwei Tage Erleichterung, dann treten wieder die alten Beschwerden auf. Sie denkt an etwaige Metastasen. Sie hat sich immer noch zurückgehalten, schwere Schmerzmittel einzunehmen, obwohl sie schon nahe daran war. Essen/Trinken: Sie hat immer noch starkes Verlangen nach säuerlichem Obst. Kiwi und Erdbeeren ißt sie pfundweise am Tag. Ebenso Verlagen nach Sauermilchprodukten.

Kurzzeitige Besserung

wieder heftige Wirbelbeschwerden

keine Lebensfreude, möchte sich das Leben nehmen

Besprechung
Die Verzweiflung, der Wille, sich umzubringen, passen zu AURUM. Wir fangen aber mit einer niedrigen Potenz an, da AURUM nur ein Zwischenmittel zu sein scheint.
● **AURUM LM 6,** 1x täglich 2 gtt.

Selbstmord: Aurum

Zusammenfassung:
Das Herzrasen wurde mit Sepia geheilt. Dann tauchten alte Symptome auf. Manchmal werden die Anfangssymptome schnell und gut geheilt, aber wenn dann alte tiefliegende Prozesse zum Vorschein kommen, braucht der Patient unter Umständen etwas Zeit und Mut, um diese Thematik angehen zu können.

19.6.1991
Fortsetzung 8
Die Frau ließ sich operieren, zwischendurch hatte sie sehr starke

Ischialgien und Magenbeschwerden, die von ausgesprochenen Gelüsten auf milchsaure Speisen gekennzeichnet waren. Ihr Zustand verschlechterte sich stark, denn sie wurde sehr anämisch. Im Krankenhaus stellte man durch Ultraschall einen Tumor in Darm und Blase fest und sie erhielt Transfusionen. In München wurden dann der gesamte Colon und ein Teil des Dünndarmes wie auch der Blasentumor entfernt. Histologisch konnte die Malignität des Tumors eindeutig abgeklärt werden. Nach einer Weile mußte ein Anus präter gelegt werden, weil sich angeblich Zysten bildeten, die erst abtrocknen sollten. Die Patientin erholte sich relativ gut. Eine Zytostatikabehandlung konnte nicht durchgeführt werden, da es der Patientin inzwischen schlechter ging. Der Anus präter wurde wieder entfernt.

Sie hatte sich einige Zeit vorher homöopathisch behandeln lassen und wußte eigentlich um die Wirkung der Homöopathie..
Jetzt ist sie völlig kraftlos, fühlt sich elend, sieht aber nicht so krank aus. Aufgrund ihres Durchfalls sitzt sie den ganzen Tag auf der Toilette; sobald sie etwas ißt oder trinkt, kommt es wieder unten heraus. Dadurch nahm sie ab und zu das Medikament *Imodium* ein, weil sie sonst gar keine Ruhepause mehr hatte. Der Durchfall ist wie Wasser. Der gesamte Darm ist vernarbt, sie hat starke Schmerzen, jeden Stuhlgang empfindet sie wie eine Geburt. Die einzige Linderung erfährt sie durch ein warmes Bad, das ihr Entspannung bringt. Sonst fühlt sie sich gehetzt wie ein Tier. Früher war sie nicht fähig zuzugeben, daß es ihr schlecht geht. Jetzt spielt sie immer noch die Tapfere, obwohl sie am Ende ist. Die Ärzte versuchen sie mit Infusionen wieder zu stärken, da sie sehr entkräftet ist.
Die Patientin meint, in ihrem Zustand hilft die Homöopathie nicht mehr.

Besprechung

In so einem chronischen Zustand darf man kein Arsen geben, denn es würde nur schwächen. Die Patientin muß mit dem Verlauf zurechtkommen, und dafür ist China angezeigt. Auch der Darm wird sich damit beruhigen. Erst muß die Schwäche angegangen werden. Hat China ausgewirkt, dann sollte mit Mur-ac. weiterbehandelt werden. Mur-ac. bessert die Kräfte. Für das Tumorgeschehen können wir jetzt noch nichts machen - außer in der Frau geschieht die vollkommene Umkehr von schädlicher Chemie zum Heilsamen.

Dabei arbeiten wir unterstützend. CHINA sollte in der D6 alle 2-4 Stunden, MUR-AC. D 3 ebenso gegeben werden. Die Mittel werden so lange verabreicht, wie sie der Patientin guttun und sich ihre Beschwerden bessern. Der Stuhl muß fester werden, erst dann sollte man zu tiefer gehenden Mitteln wechseln. Dann sieht man, welche Symptome sich zeigen. In so einem weit fortgeschrittenem Zustand darf man nicht zu schnell zu tief hineingehen. Auf alle Fälle müssen die Schmerzen besser werden.

- **CHINA D 6** und **MUR-AC. D 3,** alle 2 - 4 Stunden täglich

Die Mittel taten ihr gut, aber sie war zu fest in der Mühle, um herauskommen zu können.

Frau N. 21 Jahre
Bulimia nervosa

Vorgeschichte

Mit 16 Jahren war Frau N. mollig. Nach Reduzierung der Essensmenge wurde sie schlank. Etwa ein halbes Jahr später befällt sie eine starke Gier nach Essen; sie bekommt regelmäßig Anfälle, wo sie sich nicht kontrollieren kann und ein bis zwei Tafeln Schololade ißt. Es ist ihr peinlich. Sie nimmt sich vor, es nie wieder zu tun, aber sie ist machtlos dagegen und nimmt wieder zu.

unkontrollierte Eßanfälle nach Abmagerung

Vor ca. zwei Jahren hat die Patientin von Frauen gelesen, die sich nach dem Essen übergeben, um ihr Gewicht zu kontrollieren - sie probierte es aus und glaubte, stark genug zu sein, um nicht davon abhängig zu werden.

perfektioniert das Erbrechen von Essen

Sie perfektioniert das "Essenerbrechen". Morgens und mittags ißt sie wenig bis gar nichts; abends kommt sie dann mit Heißhunger nach Hause - ißt mehr, als sie will, und erbricht es. Am nächsten Morgen geht es ihr schlecht. Die Essensanfälle kommen häufiger ("es überfällt mich"), und sie erbricht drei bis viermal täglich. Im Augenblick kann sie einen Tag ohne Erbrechen aushalten. Sie ist sich bewußt, daß sie sich nicht mehr unter Kontrolle hat.

Das Elternhaus:

Gefühle hat man unter Kontrolle zu halten

Sie war sich früh bewußt, daß sie aus den höheren Kreisen kommt; Der Vater hat eine hohe Position im Schulwesen, die Mutter ist Lehrerin. Wichtig war Kultur und Bildung. "Gefühle hatte man unter Kontrolle zu haben", d. h. man hat sich im Griff zu haben - und man hat zu funktionieren und über den Problemen zu stehen.

"Alle kamen in der Schule zu mir. Ich war die Ruhe selbst und bestrebt, mich verstandesmäßig durchzuschlagen."

Verstand dominiert Gefühl

Der Vater ist ein absoluter Verstandesmensch, er kann keine Gefühle zeigen. Kommt sie mit ihren Problemen zu ihm, ist er arrogant, herabschauend und hat nur ein mildes Lächeln übrig. Als Kind hatte sie fast nur zum Vater einen Bezug. Ihre Mutter ist nur in Sachen Essen in Erscheinung getreten.
Mit 16 Jahren kamen Probleme auf sie zu: Kleidung, Aussehen, Jungs. Sie bekam keine Unterstützung von ihrem Vater; im Gegenteil, sie mußte Auskunft geben, wann, wo und wie ....? Sie wurde

geschlagen, und das Taschengeld wurde zurückgehalten. Sie fühlte sich schuldig und verlor den Kontakt zum Vater. Die Frau meines Vaters hat keine Persönlichkeit, sie ist dick; sie hat sie nie als Mutter erlebt. "Geh Pappi fragen, ich kann das nicht entscheiden!" Sie meint, daß ihre Mutter keinen Charakter habe." "Ich habe mit meinem Vater gerauft, meine Mutter hat mich nur ernährt."

"Die Frau meines Vaters hat keine Persönlichkeit"

Mein Vater und ich haben im Urlaub Städtetrips gemacht; meine Mutter hat alles geplant und vorbereitet, und ich und mein Vater verreisten. Meine Mutter fühlt sich unsicher unter anderen Leuten (Elternabend - macht sie nie wieder, einkaufen). Ich war Stellvertreterin für meine Mutter. Sie war unheimlich froh darüber. Sie hat es gern gesehen, daß ich mit meinem Vater zum Essen ging, Sachen mit ihm unternahm. Ich habe nicht gemerkt, daß es nicht meine Aufgabe war, mich um meinen Vater zu kümmern. Es war eine unausgesprochene Forderung."

"Ich war Stellvertreterin für die Mutter"

Frage an die Patientin: Was ist eine Mutter für dich?
Antwort: Sich um jemanden kümmern, eine Lebensform mit oder ohne Kinder.

"Ich habe eine Abneigung, mich mit etwas zu identifizieren, z.B. Bankleute können von nichts anderem sprechen als von der Bank. Es ist eine Notlösung, sich zu identifizieren; dadurch kommt man besser klar damit. Ich bin das nicht. Es ist etwas, was ich mache, um mich zu erleben, zu lernen. Die Lösung ist, sich selbst zu sehen. Geistige Arbeit tut mir gut, habe darauf Lust .
Ich war immer bestrebt, meiner Mutter zu helfen. Ich bin jetzt erleichtert, daß es nicht meine Aufgabe ist. Ich wollte sie früher ändern, verbessern. Mein Bruder (19 Jahre) kommt nach Hause und sagt "Warum ist das Essen noch nicht fertig?" und meine Mutter versucht sich zu rechtfertigen.
Ich esse, weil ich mit etwas nicht klarkomme. Das ist eine Projektion und nicht Essen im eigentlichen Sinne.

"Ich esse, weil ich mit etwas nicht klarkomme. Das ist eine Projektion und nicht Essen im eigentlichen Sinne."

Essen, um zu erbrechen, ist eine Aktion, ein Ausdruck von Energie. Ich will z.B. anrufen und rufe an. Ich will spazierengehen und gehe spazieren. Bin ich in einer Situation, wo ich etwas machen muß, breche ich aus dieser Situation aus. Ich breche es heraus. Es ist eine Art von Erlebnis.

"Essen, um zu Erbrechen, ist eine Aktion, ein Ausdruck von Energie."

Schlaf: gegen 24.00 Uhr, manchmal ist es schwierig einzuschlafen. Ich liege wach und entscheide mich dafür, wach zu bleiben. Ich

denke nur daran, wach zu bleiben, und schlafe ein. Ich habe immer kalte Füße.
Eine Abneigung gegen Fleisch und Eier besteht seit der Kindheit, ich konnte es nicht schlucken. Als Kind hätte ich mich am liebsten von Nudeln, Reis und Brot ernährt."

Die Menses kam in den ersten zwei Jahren sehr unregelmäßig, seither ist sie in Ordnung und schmerzlos.
Die Nasenflügel flattern beim Sprechen.
Im Frühling und Herbst geht es ihr besser; sonnig mit Frische tut ihr gut.
Tageszeit: besser abends
Temperament: Sie hat bis vor kurzem ihren Ärger nicht gezeigt. Jetzt kann sie jemanden richtig zusammenschimpfen.

Besprechung

Lycopodium

Nach jedem Satz sagt sie, "..mir ist doch alles klar".Die LYC.-Frau muß zeigen, wie klug sie ist.

- **LYCOPODIUM LM30,** 1 x täglich

25.10.1989

Fortsetzung 1

Es geht ihr phantastisch gut, will Zustand aber nicht zerreden.

Die Patientin nimmt seit dem 12.10.1989 LYC. LM30.
Am nächsten Tag rief sie an und berichtete, daß es ihr phantastisch gut gehe. Sie könne es kaum beschreiben - wie ein euphorisches Gefühl. Sie setzte das Mittel aber ab, weil ihr abends sehr viele Gedanken kamen, und alles schien ihr zuviel. Nach einer Woche fing sie mit LYC. LM30 wieder an und nahm es nur sporadisch nach Gefühl ein. Sie wollte nicht mehr über ihre Eßproblematik sprechen, weil es kein Problem mehr für sie ist. Sie redete auch nicht mehr so viel über sich in der Praxis; über ihren Vater regt sie sich nicht mehr auf. LYC. hat ihr zu einem "Menschenverständnis" geholfen.

Frau N. kam es wie ein Wunder vor; sie wollte diesen Zustand gar nicht zerreden. Ein Lehrer von ihr äußerte sich über sie: "Sie hat sich grundlegend verändert, sowohl in ihrer Art und auch im Äußeren".

positive und heilsame Reaktion

Sie hatte nach der ersten Gabe eine **positive Reaktion**, daraufhin kamen abends ungelöste Probleme, die sie in aller Gelassenheit auflösen konnte. Deshalb war ihr gefühlsmäßiges Absetzen richtig. Die erneute Einnahme nach einer Woche wurde nach Gefühl gemacht, d.h. nach der inneren Stimme und ist von daher in Ordnung.

Frage: Es wurde im Reaktionsseminar gesagt, daß man nach einer positiven Reaktion nicht wiederholen dürfe, da sonst der Zustand unheilbar werde.

Antwort: Das gilt nur für Zustände, die von vornherein an der Grenze zum Unheilbaren liegen. Ansonsten sind bei PHOS. Reaktionen und Wiederholung mit Vorsicht zu genießen.

Die positive Reaktion bringt sofortige Heilung

Eine **positive Reaktion** kommt plötzlich und ist von einer Euphorie begleitet. Es ist wie ein "Wunder" bei chronischen Krankheiten.Nachdem die Heilung vollzogen ist, kann man die Homöopathie nützen, um das Positive zu stärken. Im Falle unserer Patientin war die Heilung gleich geschehen. Danach nimmt sie LYC., wenn sie noch einen Schub braucht. Es ist seelische und geistige Nahrung. Das ist es, was Jesus meinte, als er sagte, er ernähre sich von einem anderen Brot.
Bei anderen positiven Reaktionen kann unter Umständen wiederholt werden. In dem Fall von gerade eben war es gut, das Mittel nicht weiter zu geben, weil sie so leicht ihre Probleme lösen konnte.

Mira, 4 Jahre

Ohrenschmerzen

Rezidivierende Ohrenentzündung

Mira hat häufig rechtsseitige, manchmal auch linksseitige Ohrenschmerzen. Die Schmerzen sind innen im Ohr, kommen plötzlich, zu verschiedenen Tageszeiten; vor allem im Winter, sie kommen und gehen; manchmal auch im Sommer für einen Tag. Verschlimmerung eher bei feucht-warmem Wetter. Manchmal ist die Entzündung eitrig. Als Zweijährige hatte sie zum ersten Mal eine eitrige perforierende Ohrentzündung. Die Absonderung ist gelblich, eitrig, dick und übelriechend. Harmloser verlaufen die nicht eitrigen Entzündungen, es tritt dann nur eine Rötung von Gehörgang und Ohrhöhle auf.

Schmerzsymptome und Modalitäten

Besserung durch Herumtragen, Kuscheln

Die Schmerzen kommen eher, wenn sie müde ist; Mira kommt dann laut quengelnd an, klammert sich ans Bein, kuschelt sich an. Besserung durch Kuscheln, Herumtragen mit dem Gesicht zur Mutter; sie darf dann aus der Milchflasche nuckeln, sich an die Mutter kuscheln und bekommt etwas vorgelesen. Sie trinkt mehr Milch und ißt weniger und verlangt auch gelegentlich nach einem Apfel. Sie geht ohne Probleme ins Bett, wenn sie Ohrenschmerzen hat. Wenn ihre Mutter wenig Zeit für sie hat, kann sie heftig werden - brüllt fordernd fünfmal "Mami, komm!" und schafft es, daß die Mutter mit ihr für kurze Zeit kuschelt - dann kann sie weiterspielen. Wenn die Mutter keine Zeit hat, bekommt sie Zuneigung von einer der beiden Schwestern. Wenn sie zornig ist, reagiert sie sich schnell ab, z.B. indem sie stampft.

brüllt heftig, fordernd, wenn Mutter wenig Zeit für sie hat.

Sie drängt nach draußen, zu den Nachbarskindern, sie verträgt sich gut mit ihnen, solange sie zu zweit spielen. Bei Konflikten kommt sie heim, zieht sich zurück, trinkt ihre Flasche, steht evtl. am Fenster und schaut zu. Wenn sie wieder Kontakt bekommt, geht sie wieder hinaus. Oder sie kommt und brüllt: "Die anderen lassen mich nicht mitspielen!" Mißstimmungen sind sehr schnell weg.

Machtspiele

Wenn Mira mit einem anderen Kind spielt, gibt sie den Ton an; kommt ein drittes Kind dazu, das dominanter ist als sie, paßt sich Mira an. Es kommt nicht zu Machtspielen. Ärger bekommt sie mit der großen Schwester. Diese möchte bestimmen und verliert dann die Geduld, weil die Kleine deutlich versucht, sich durchzusetzen.

Ärger mit der dominierenden Schwester

Sie spielt am liebsten mit anderen Kindern. Wenn niemand da ist, schimpft sie: "Ich habe niemanden zum Spielen". Sie nuckelt morgens, abends und nach dem Mittagsschlaf noch an der Flasche. Am zweiten Tag nach Absetzen von LYC. hat sie morgens Bauchschwerzen. Sie schiebt es auf das Essen. Die Meinung der Mutter dazu: "Gestern war ein Konflikt - die Kleine hält sich die Ohren zu - sie will nicht darüber reden, wenn sie daran schuld ist." "Laß mich, ich will nicht reden." Am nächsten Tag hat sie Bauchschmerzen. Sie hat Polypen in der Nase und spricht etwas nasal bei Erkältungen. Sie hat eine sichtbare Schwellung zwischen den Augen über der Nasenwurzel (Glabella). Durch das Spielen wird sie erhitzt und will dann etwas Kaltes trinken.

akute Beschwerden Bauchschmerzen nach Ärger

Ein Hörtest ergab, daß Mira schlechter hört. Sobald ein Schnupfen kommt, bohrt sie eine Zeitlang mit dem Finger im Ohr. Nachts atmet sie dann nur durch den Mund und schnarcht. Tagsüber muß sie nachfragen; sie sagt, sie hat nicht gehört, was die Kindergärtnerin gesagt oder vorgelesen hat.

- **LYCOPODIUM LM6,** 1x tgl. auf 1 EL Wasser

Nach drei Tagen wurde es abgesetzt, weil ihre Gemütsprobleme, die sie immer hatte, zurückkamen. Sie liegt nun schon morgens neben dem Tisch und nuckelt aus der Flasche; ist griesgrämig beim Erwachen; zieht wieder eine Stoffpuppe durch die Finger und schläft nachts mit offenem Mund.

Lycopodium: Gemütsprobleme verstärken sich

Besprechung

CHAM. paßt zu diesem Kind. CHAM. hat bei Ärger auch Bauchschmerzen; will nichts mit anderen zu tun haben; will immer nur **nuckeln** und **Daumen lutschen**, wie auch CALC-CARB., CALC-PHOS. Aber CHAM. wird sehr schnell mißgestimmt und Ärger macht es krank.

Daumenlutschen

Das Folgemittel von CHAM. ist CALC. und vielleicht ausnahmsweise Lyc. Es ist immer noch das CALCIUM Mutterprinzip. CHAM. ist sehr **streitsüchtig**, wie NUX-VOM. und AURUM.
CHAM. LM120 muß normalerweise lange gegeben werden, da es nicht so schnell Stabilität bringt.

Chamomilla länger geben, damit Zustand stabil wird

25.10.1989

Fortsetzung 1

Chamomilla > Schwerhörigkeit

CHAM. LM120 besserte innerhalb von drei bis vier Tagen die Schwerhörigkeit und den Allgemeinzustand. Sie entwickelte dann ein Panaritium, das aber von alleine aufging.

Besprechung

Panaritium

Umlauf

Bemerkung über **Umlauf** und **Panaritium**:
Im englischen *Kent* "run around" und Panaritium. Beim Panaritium ist der Nagel mitbeteiligt.

Frage: Muß das Panaritium behandelt werden?
Antwort: Ja, da es nicht zum Mittelbild von CHAM. gehört und es den Patienten stört.

Es gibt folgende Rubriken:

akute Behandlung mit Silicea

- *Nagel ohne Nagelbett betroffen*
- *Panaritium* = Entzündung am Finger mit Eiterung um den Nagel
- *Run around* = Paronychia (Umlauf)

SILICEA-Symptome: weiße erhabene Stelle um den Nagel, darunter Eiterung. Das Kind hat aber nicht so viel Theater gemacht wie sonst. Es soll mit SILICEA weiter verfahren werden.

8.11.1989

Fortsetzung 2

Weiterbehandlung mit Cham.

Panarium weg
Mira hatte wieder eine Rötung von Gehörgang und Ohrmuschel, die dann besser wurde; das Hören wurde kurzzeitig schlechter, dann besser; die positive Wirkung von CHAM. ist geblieben.

- Wir bleiben bei CHAM., bis sich etwas Neues zeigt.

Frau B., 52 Jahre
Schmerzhafter Gichtknoten

Gicht mit schmerzhaftem Knoten im rechten Handgelenk

Frau B. hat einen Knoten im rechten Handgelenk, palmar, der bei Bewegung schmerzt. Sie hat seit 15 Jahren Gicht mit hohen Harnsäurewerten, die durch ständige Einnahme von Allopurinol® niedrig gehalten werden.

Schmerzsymptomatik und Modalitäten

Der **Knoten** ist ein markstückgroßer, runder, erhabener "Knubbel", fest, nicht verschiebbar; hat normale Hautfarbe, nicht druckempfindlich und behindert die Handgelenkbeugung (re: 75 Grad, li: 65 Grad möglich). Bei Bewegung empfindet sie einen stechenden Schmerz mit Knirschen. Bei Bewegung des Handgelenks mit Drehung schreit sie laut auf.
Die **Fingergelenke** sind, bis auf die Endgelenke, unförmig verdickt (Grundgelenk von Zeige- und Mittelfinger beidseitig, Mittelgelenke alle dicker).

Modalitäten: Besserung in Ruhe und durch kaltes Wasser; Verschlimmerung bei Anstrengungen von Tragen und Heben. Sie sitzt danach mit den Händen im Schoß und sagt, es tut ihr ca. eine halbe Stunde lang weh.

Schmerzen in Genick, Ellbogen und Fußsohle nach schwerem Heben

Sie hat Schmerzen in Genick, Ellbogen und den Fußsohlen nach schwerem Heben. Um den 7. Halswirbel hat sie stechende Schmerzen, nach rechts ausstrahlend (nicht bis zur Schulter). Flach auf dem Rücken liegen bessert - sie dehnt den Körper und die Beine auseinander, um alles zu strecken. Verschlimmerung durch Stehen; dabei hat sie einen ziehenden Schmerz in beiden Condylen des rechten Ellenbogens, Schmerz zieht nach unten, nur leicht zu spüren.

Schmerzsymptomatik und Modalitäten

Fußgelenk nur rechts - nach Anstrengung und schwerem Heben; Schwellung hinter den Innenknöcheln, neben der Achillessehne dumpfer, anhaltender Schmerz. Besserung durch Ruhe, Liegen, Sitzen mit hochgelagertem Bein; dann ist am nächsten Tag alles weg. Der Schlaf ist nie gestört - Alles wird besser durch Ruhe.

Die Reihenfolge der Beschwerden nach schwerem Heben ist immer erst das Handgelenk, dann das Fußgelenk, dann (nicht immer) der Tennisarm, und wenn es ganz schlimm ist, auch das Genick. Je anstrengender und länger das Heben war, desto mehr Beschwerden kommen in dieser Reihenfolge.

Geist und Gemüt: Sie wurde mit 25 Jahren Witwe. Sie zog den erst nach dem Tod ihres Mannes geborenen Sohn allein mit Hilfe ihrer Eltern auf. Der Sohn ist jetzt 24 Jahre alt und studiert.
In den letzten zehn Jahren wurden die Eltern gebrechlicher, und es hängt alles an ihr. Aber es macht ihr auch Spaß zu organisieren, und sie mag es, wenn etwas los ist. Sie gibt nie auf. Sie bezeichnet sich selbst als aktiv, fröhlich, aufgeschlossen, gesellig, anpassungsfähig, hilfsbereit, bestimmend. Der Sohn wirft ihr vor: "Du hast immer recht". Im Konflikt brüllen Mutter und Sohn sich an, beide trennen sich im Bösen, der Sohn kann Teller schmeißen, die Mutter geht raus, weil sie ihn nicht mehr reizen will. Sie selbst kann so einen Vorfall nach fünf Minuten vergessen und sich entschuldigen, wenn sie ihren Fehler sieht. Sie holt vergangene Probleme später nicht wieder heraus.

unverzeihlich bei unmoralischen Handlungen

Nachbarn haben ganz plötzlich einen alten großen Baum an der Grundstücksgrenze gefällt. Das hat ihr wehgetan, weil sie etwas verloren hat. Der Baum hat ihr Schutz gegeben. Da ist sie nachtragend, kann nicht vergessen und nicht verzeihen; sie sagt, sie könne zu den Nachbarn nicht mehr so sein wie früher: "Es war unmoralisch, so was zu tun. Der Baum war gesund."
Sie wird um die Körpermitte dicker und schwabbeliger; das will sie jetzt so belassen. Bei echtem Kummer nimmt sie sofort ab und ist appetitlos.

Sie hat noch ihre Periode; sie war unregelmäßig, jetzt wieder pünktlich und stark; Brustwarzen tun sehr weh vor und während der Periode, sehr druckschmerzempfindlich - stechender Schmerz. Sie nimmt seit Jahren Agnolyt®, wegen Aufschwemmug im Bauch ("wie schwanger"), Zysten in der Brust und einer Verhärtung, aber vor allem wegen der Schmerzen.
Impfungen: Pocken, Polio.

Besprechung
Wir können mit LYC. anfangen, da es so gut paßt und der Fall im Anfangsstadium ist. Darüber hinaus wurde der Baum, ohne sie zu fragen, gefällt. Ihre Meinung war nicht wichtig. Der Sohn braucht

Staph., da er sich immer im Unrecht fühlt und Teller schmeißt.

Frage: Lycopodium LM120 ?
Antwort: Ohne Ausleitungsmittel nicht so hoch gehen, lieber **LM30**. **Berb., Urea, Uricum ac.** fungieren als gute **Ausleitungsmittel bei Gicht** und unterstützen die Wirkung von Lyc.

Ausleitungsmittel bei Gicht

Herr S., 40 Jahre

Halsschmerzen und Schnupfen

Rezidivierende Halsschmerzen

4.10.1989
Herr S. leidet an Schnupfen mit viel weißem, schleimigem Auswurf, Benommenheit und einem pelzigen Gefühl in der rechten Gesichtshälfte.
NUX-v. C200 2 gtt wurde tgl. verordnet - zwei Tage genommen: Der Patient hat mehr Energie. Absetzen von NUX, da Herr S. wieder mehr Halsschmerzen hat: Verschlimmerung beim Leerschlucken, Sprechen; leise Stimme und geringes Volumen, Räuspern. Besserung durch Essen, heiße und kalte Getränke.
Der Schmerz ist eindeutig links; die Mandeln wurden 1973 entfernt. Der Rachen mit Eiterstippchen ist kaum rot, nur die Adern sind rot. Die Zunge ist hinten gelbgrün und hat Zahneindrücke. Der brennende, zuschnürende Schmerz erstreckt sich in die Unterkieferdrüsen links, am Hals nach unten in die Herzgegend, weiter in die linke Schulter bis zum Daumen. Insgesamt hat er wenig Energie, am liebsten legt er sich hin. Er hat seit Jahren einen Druck im Hals (mehr rechts), seit diesem Jahr verstärkt; einmal half LYC. LM 90.
Der Behandler wartet ab. War es eine NUX.-Reaktion? MERC-I-R., LACH., LYC. kommen in Betracht.

Nux wiederholt

Sonntag
Morgens kaum Halsweh, Besserung durch heißes Trinken. NUX. abends genommen.

Montag
Riesenappetit, vor allem auf Deftiges, Scharfes, Bier, Oliven, Schinken, Mangos, süße Delikatessen, ansonsten kein Süßverlangen. Durch die Schule (Reden und Streß) ist er wieder ganz kaputt.

Dienstag
Wieder mehr Schnupfen, alles zu; ab und zu mit kräftigem Schneuzen, die Absonderung ist grünlich zäh. Verschlimmerung im warmen Raum: Der Schnupfen stockt, und er hat Kopfweh, vor allem links über dem Auge. Stirn über Auge. Der ganze Kopf ist wie gelähmt. Die Füße sind schwer, er schleppt sich so dahin. Der Druck im Gesicht ist heute rechts (nicht links).

Magenbeteiligung (hat Zusammenhang mit Kopfweh): Verschlimmerung unmittelbar nach dem Essen, als ob er gleich erbrechen müßte). Besserung beim Essen - doch nach einer Stunde wieder Hunger auf Deftiges (Steak, Delikatessen, jedoch nichts Süßes).

Er ist empfindlich, ihm wird alles zu viel: Störung, Lärm, Licht. Es friert ihn, aber er braucht frische Luft für seinen Kopf und den Schnupfen. Beim Gehen tut am Anfang alles weh; wenn er dann schnell geht, bekommt er mehr Lebensgeister. Schmerzen in allen Gliedern (Gelenken), wie wund. "So fing mein Rheuma an, als ob etwas nicht rauskäme." Bekommt seit der Mandeloperation 1973 kaum noch Fieber. Schmerzen in den Zähnen.

schnelles Gehen bessert

Der ganze Zustand ist bekannt. Behandler macht sich Gedanken über vier Mittel. NUX. brachte eine Reaktion, es half und wurde zu früh wieder eingenommen. TUB-BOV. hat die Gliederschmerzen, die Bewegungsmodalität, das Frieren und braucht doch frische Luft, das Eßverlangen weist auf TUBERCULINUM hin. LYC.: zuerst rechts, dann links, heute wieder mehr rechts. RHUS-TOX.: Zerschlagenheit und Rheuma in Hüfte rechts und Bewegungsmodalitäten, Steifigkeit insgesamt.

Nux zu früh wiederholt

Besprechung

TUB. hat Heißhunger auf alles. Welche Mittel noch? CINA
Nach vielen Sachen: KREOS., PHOS., TUB.; TUB-BOV. paßt aufgrund des Verlangens, des Hungers, der Schmerzen und der allgemeinen Symptome.

- **TUB-BOV.** Anfangs täglich eine Gabe, und wenn es besser wird, seltener geben.

Mittel, die Heißhunger haben

Der Patient hat zu schnell wiederholt, dadurch hat er den Lernprozeß blockiert. Es ging gut voran, aber er war ungeduldig. Die wiederholte Gabe von NUX-V. bracht das zugrundeliegende Miasma zum Vorschein. Es ist keine Verschlimmerung gewesen, sondern eine Aktivierung des Miasmas. Der NUX.-Lernprozeß wurde dadurch übersprungen und ist später weiterzuführen. Mit der zweiten Gabe NUX kamen tieferliegende Schichten hoch, die ihn bis an den Ursprung des Rheumas führten.

Aktivierung des zugrundeliegenden Miasmas

15.11.1989

Fortsetzung 1

12.10.1989

Besserung der Grippe-symptome

Augen-beschwerden im Vorder-grund

Verordnung **TUB-BOV**. LM120, tgl. 2 gtt.; es ging ihm besser; er bekam Lust auf starke Bewegung im Freien. Absetzen von TUB-BOV. nach vier Tagen; es ist ihm wärmer geworden, die Grippe besser, aber er sieht verschwommen. Verschlimmerung bei Wetterwechsel auf warm, vor Gewitter; nach wenig Schlaf (Gefühl von jahrtausendalter Müdigkeit in den Augen); die Augenbeschwerden fangen morgens an und gehen bis 18 Uhr. Waschen der Augen mit kaltem Wasser bessert; manchmal verschlimmert ein Schluck Kaffee (er trinkt wenig); Verschlimmerung der Augensymptomatik durch Überanstrengung der Augen. Deutliche Besserung im Grünen; im Wald, in dem die Sommerkühle spürbar ist, und durch Meeresbrisen (in Italien ging es ihm trotz der Hitze besser); beim Sehen ins Licht muß er die Augen zukneifen.

Vorgeschichte zur Augen-problematik

Diese Probleme mit den Augen fingen langsam vor zwei Jahren durch Doppelbelastung an: Nachtarbeit für die Heilpraktikerprüfung und Lehrerberuf; nach der HP-Prüfung hat er sich in gleicher Weise in die Homöopathie gestürzt. Das hat ihn dann überfordert. Er begann aber auch eine Art Ungeduld zu empfinden, wenn er mit Menschen sprach, die verklemmt um Sachen herumreden und nicht auf den Punkt kommen. Bei seinen Religionsschülern hat er vor allem das Gefühl, daß sie ihm keine echten Probleme schildern - er sieht sich mehr in irgendeiner Ersatzfunktion. Er starrt dann aus Höflichkeit die Leute an, es ist wie ein Durchschauen; beim Zurückkommen (vom Starren) hat er dann diese Fokusierungsschwierigkeiten mit den Augen; es verschwindet alles. Wenn er sich dreht, bekommt er sofort Schwindel mit Übelkeit; beim Hinuntersehen von einer Höhe ist ihm, als ob er gleich vornüberstürzt; er hat auch beim Rolltreppenfahren den Schwindel. Vor den Augen hat er immer schwarze Fäden (mouches volantes). Seit September hatte er dreimal Entzündungen an den Augen, vor allem rechts; auch Pickel am rechten Unterlid.

Er hatte mehrmals schwere, nicht ausgeheilte Gehirnerschütterungen (damals über Jahre Schwierigkeiten mit den Augen und lange Zeit Kopfweh; große Depression; er konnte sich vor allem nicht mehr lange konzentrieren, so wie jetzt beim Schreiben).

21.10.1989
● **SULF. LM120,** 2 gtt tgl. wegen obiger Symptome
Weiterhin Verlangen nach Weißbier, Katzenschlaf nachts; jetzt hat er Verlangen nach Äpfeln, was er seit langem nicht mehr hatte. (In Überlegung auch NUX-V., NAT-MUR. und PHOS.) Die Einnahme war wie eine Wucht: Der Schlaf war seit Jahren nicht mehr so gut, ist morgens endlich frisch aufgewacht, hatte Energie beim Rennen; Erkenntnis, daß seine Augen die Vorstellung von Dingen sehen, es ist aber nicht das Leben; Er-leben selbst - es sticht deshalb in den Augen und der Stirn. Er nahm das Mittel viermal, und die Wirkung war jedesmal stärker, dann kamen die alten Sachen wieder; er hat dann verdünnnt auf zwei gtt. auf ein Wasserglas. Hat das Mittel abgesetzt, weil er beim Wetterumschlag auf kalt eine schlaflose Nacht wegen Rheumaschmerzen (alte Sache) verbrachte.

Erkenntnis über den Hintergrund der Augenproblematik

Alte Symptome tauchen auf

8.11. - 12.11.1989
Es ist ihm wieder kalt geworden, und die Rheumaschmerzen sind in abgeschwächter Form geblieben.
Rheuma: Die rechte Hüfte hat einen eingeschränkten Bewegungsradius. Der Schmerz wird schlimmer durch Treppensteigen und Kälte, Besserung durch Wärme. Schlimmer ist es beim Aufstehen aus der Hocke, da dann Schmerzen im ganzen Becken sind; jetzt hat er Schmerzen auch in beiden Daumengelenken, so daß er Schwierigkeiten beim Schreiben hat; alle Glieder tun ihm wieder weh; Druck von der rechten Halsseite über die rechte Schulter, rechten Oberbauch, rechte Hüfte bis ins rechte Bein; Gefühl von Schwere und Lahmheit; so fing das Rheuma vor 15 Jahren an. Verschlimmerung beim Darandenken, wie bei allen Beschwerden.

Geistig: Er hat das Gefühl, daß es nie mehr wird; möchte sich nur in die warme Badewanne legen, wobei er sich dabei nicht wohlfühlt; er möchte an einen Strand nach Mexiko oder sich in eine Frau verlieben und spielen; keinen Streß mehr haben und herausgehen aus den Zwängen. Er hat das Gefühl, daß etwas Undefinierbares, Schlimmes auf ihn zukommt; dieses Gefühl wechselt auch mit Hoffnung "Ich packe das schon". Es ist schlimm für ihn, daß er die Schmerzen nicht erfassen kann; es sind so viele Schmerzen, als ob es ihn narrt; er will die Schmerzen ins Repertorium übersetzen, aber es gelingt ihm nicht, das ärgert ihn, und er wird ungeduldig; er will seine Sache gut machen, noch besser; aber vor allem soll die Sache selbst in

Ordnung sein. Er denkt dann stark in Systemen, logischen Systemen; sucht und schnüffelt nach Widersprüchen (der Lüge auf der Spur). Er hat Existenzangst, muß die Familie ernähren; die Verlängerung des Taxischeins war schon beim letzten Mal problematisch wegen der Augen. Der Taxischein ist für ihn wie ein Notanker.

Er träumt von der Schule: irgend etwas hat er falsch gemacht, er wird erwischt, und alles mögliche kann passieren. Träumt aber auch andere Träume: Er kommt mit einer Frau zusammen, es ist schön, dann wird es unterbrochen, und es kann nicht weitergehen.
Die Augen haben sich jetzt wieder entzündet. Er hat wieder den Druckschmerz im Hals durch die Kälte, schlimmer durch Leerschlucken; die Halsschmerzen sind rezidivierend seit einem Jahr.

Hautausschlag: Seit SULF. ist der Hautausschlag wieder schlimmer: Jucken beim Ausziehen vor allem abends, nach Feierabend; er muß sich kratzen, bis die Haut wund wird; danach brennt sie. Das Kratzen ist eine Wollust und durchschauert ihn bis in den Kopf. Verschlimmerung auch durch Bettwärme (schon vor SULF.); das Jucken fängt hauptsächlich durch Kratzen an und wird dann schlimmer.

Orte: zwischen den Oberschenkeln und am Skrotum; das fing 1983 eine halbe Stunde nach einer einmaligen Einnahme eines Antirheumatikums an: Ausschlag an der Eichel und ging mit SULF. M hochdosiert weg. Er kam dann als Ausschlag am Oberschenkel wieder und weitete sich auf Anus und Sakrum aus; seit einem Jahr auch zwischen den Zehen nach KALI-C. und AGAR. Es wurde ein Tinea-Pilz diagnostiziert.

Er hat auch ein Jucken mit Plustern am Hinterkopf; seit etwa einem Jahr immer wieder Furunkel mit üblicher Salbenunterdrückung. Der Ausschlag ist jetzt abschilfernd, sonst trocken, schuppig; ein masochistischer Genuß ist heißes Abduschen (ca. 45 °C). Er bekam in Streßsituationen immer schon juckende, trockene Haut. Er hatte Krätze.

Nach den Gehirnerschütterungen begann die Trennung von dem "Selbstverständnis". Herzstiche mit ca. zwölf Jahren; er hatte auch zu dieser Zeit Nieren- und Blasenschmerzen, die er auch jetzt hat. Seit zwei Monaten hat er wieder häufiger Harndrang.

Besprechung Fortsetzung 1
Folgende Symptome wurden berücksichtigt:
SCHWINDEL:
- *Sehen auf sich bewegende Gegenstände <*
- *Hochgelegene Orte*
- *auf einen Punkt <*

AUGEN:
- *brennender Schmerz im Auge durch Anstrengung*

● **NAT-MUR. D3,** 3x tgl.

Er hat schon NAT-M. hoch genommen, aber es hat nur geistig gutgetan; körperlich war es ohne Wirkung, deswegen jetzt niedrig.

Gehirnerschütterung*:*
TUB-BOV. kann nachgetragen werden, auch in der Rubrik *KOPF-VERLETZUNGEN.*

Mittel bei Gehirnerschütterung Nat-mur. Tub.

6.12.1989
Fortsetzung 2
In der ersten Woche wurden die Augen besser, ist guten Mutes, mehr Energie; nach einer Woche dann sich steigernde alte Situation mit Augen, auch weniger Energie, dazu kam Schlafmangel, der auch verschlimmerte.
Reduzierung der Dosierung: 2x tgl. 2 gtt; keine Besserung; Zustand wurde immer schlimmer bis vor drei Tagen, dann Absetzen von NAT-MUR.

Jetzige Symptome:
Morgens gegen 9.00 Uhr fängt das Augenflimmern an, es steigert sich bis 10.00/10.30 Uhr, dann auch mit Schwäche begleitet, der Zustand bleibt bis ca. 13.00/14.00 Uhr, dann werden die Augen immer schwerer, ist sehr müde (vor allem rechts); je länger er in der Schule ist, um so mehr kommt das Brennen dazu; gegen 15.00/16.00 Uhr kommt dann in der rechten Gesichtshälfte der alte Schmerz dazu, der seit einer Zahnoperation vor zehn Jahren und emotionalem und physischem Streß (schlaflos über Wochen) besteht; das zieht dann bis in den rechten Oberkiefer und von da, wenn es besonders schlimm ist, bis in den rechten Hals und in die rechte Schulter (alte Stellen mit Halsweh und "Rheuma"); das rechte Auge ist dann auch wie verklebt. Besserung durch Waschen des

Gesichtes und der Augen mit kaltem Wasser, Gehen in die frische Luft (nicht Stadtluft), auch bessert die kalte Luft, Massieren und Ausstreichen des Gesichtes; am Auge geht da zwar auch der Druck weg, doch er kann hinterher für kurze Zeit nur verschwommen sehen. Er verspricht sich oft.

Besprechung
Von den Mitteln, die eine Besserung der Augenschmerzen durch kaltes Wasser haben, kommen für ihn Phos. und Puls. in Frage; beide haben auch > an frischer Luft. Phos. paßt besser zum Augenflimmern. Puls. hat die Besserung des Gesichtsschmerzes durch Kälte.

Frage: Wie ist die anfängliche Besserung zu beurteilen? Wurde das Mittel zu lange genommen? Ist das jetzt eine Verschlimmerung?
Antwort: Nat.mur. D3 wurde etwas zu lange gegeben. Nach der Reaktion hätte man gleich absetzen sollen, die Reduzierung der Dosis bewirkte im Endeffekt, daß das Mittel zu lange in die Verschlechterung gegeben wurde.
● **Therapie:** Erst einmal abwarten, um zu sehen, ob es von alleine besser wird.

13.12.1989
Fortsetzung 3
Die Symptome sind unverändert, eher schlimmer; die Augenprobleme halten abends beim Lesen länger an; das rechte Auge ist außen wieder mehr entzündet. Die Modalitäten sind gleichgeblieben, jedoch noch klarer: Duschen bessert, auch Lymphdrainage bessert. Insgesamt ein Gefühl von großer Müdigkeit in den Augen, die sich im Laufe des Tages steigert, Flimmern ab 9.00 Uhr; dann Druck bis zum Brennen ab Nachmittag, das sich je nach Anstrengung und Aufenthalt in warmen Räumen steigert.
Das Hautjucken ist noch viel schlimmer; wieder einmal Herzstiche beim schnellen Gehen, aber nicht immer; Verschlimmerung aller Beschwerden beim Darandenken.

Besprechung
Frage: Könnte bei ihm eine Blockade vorliegen, da Nat-m. nicht wirkt? Apis oder Ruta könnten auf die neuen Augensymptome passen.

Drei Möglichkeiten für die Weiterbehandlung:
1. erst APIS, dann evtl. RUTA von den Augensymptomen her.
2. von der Blockade her: CANNABIS IND.
3. von der alten Gehirnerschütterung her: ARNICA.
Blockade durch Drogen?

Cannabis indica als Blockademittel

Dann müßte man Cannabis potenziert nehmen. Er hat vor 10 Jahren aufgehört, Marihuana zu rauchen, und bekommt jetzt Horrorsymptome, wenn er den Rauch von anderen abkriegt.
- **CANNABIS IND. C 200,** 1x tgl. 1 Gabe; es hat auch einen Teil der Augensymptome; bei Verschlimmerung absetzen.

Nach Einnahme von einem Blockademittel abwarten, bis sich alles "gelöst" hat; erst dann ein neues Mittel geben. Wenn das Blockademittel "sichtbar" nichts bringt, gibt man das alte Mittel gleich weiter oder sucht ein neues.

Fortsetzung 4
20.12.1989
- **CANN-IND. C200,** alle 2 Tage 2 gtt

Alte Sachen kommen hoch, vor allem diese Angst, es in einem bestimmten Moment nicht mehr zu schaffen und dann in ein unendliches Loch zu fallen (Kindheit: zu wenig Sicherheit und Vertrauen von Eltern). Die Augen waren die ersten Tage besser, dann kam wieder der alte Zustand; Mittel wurde abgesetzt, da es als Blockademittel eingesetzt wurde.

Besprechung
Da alte Sachen hochkommen, abwarten.

7.2.1990
Fortsetzung 5
Drei Wochen warten, dann wird RUTA LM30, 2 gtt tgl. wegen akuter Sache seit 3/4 Jahr verordnet, Sehschwäche mit Schwindel: Der Patient hatte das Gefühl, als würde das Sehen 1-3 Tage minimal besser (doch dieses Gefühl bei jedem neuen Mittel), dann war der alte Zustand wieder da, eher Verschlimmerung, 14 Tage genommen. Jetzt ist er seit 14 Tagen ohne Mitteleinnahme.

Zustand: Die Augensymptome sind als Basis wie in Fortsetzung 1 beschrieben. Verstärkt bzw. klarer oder bewußter geworden ist folgendes: Müdigkeit und Schwere der Augen sind schlimmer, auch am Tag zeitlich länger (Beginn morgens 8.45 Uhr, nachts und abends weiterhin Besserung). Druck, Schwere, Lähmung geht in Cervicalregion und von da in die Schultern und Arme und die Wirbelsäule runter. Alles ist schwer und müde, alles ist Anstrengung, die auch in den Hals und die Kopfregion geht und dort als Trockenheit bleibt. Er hat wieder eine Entzündung am rechten Auge, am Unterlid, mit noch fortdauernder Gefühllosigkeit, Druckschmerz in der rechten Gesichtshälfte; Besserung durch Reiben, kaltes Wasser, ausreichender und nicht gestörter Schlaf. Morgens hat er noch mehr das Gefühl, nicht ausgeschlafen zu sein. Wenn er nachts gestört wird, dann sind seine Fingerkuppen gefühlslos und gleichzeitig seine Fingerinnenseiten sehr empfindlich auf Hitze, er kann die Teetasse kaum anfassen. Eine fünfmarkstückgroße Stelle an der Schädeldecke rechts schmerzt krampfend und zieht die ganze rechte Seite hinunter; die Kopfhaut ist empfindlich, Verschlimmerung durch Kämmen. "Kopf ist in Stirn ganz voll, fällt nur Wort 'dizziness' (schwindlig) ein". Ein Zusammenhang besteht mit der Schwere der Augen und gleichzeitigem Gefühl in der Cervicalregion.

Die alte Stelle, HWK 7, etwas links neben der Wirbelsäule (altes HWS-Trauma), kribbelt stark, bis an Schmerzgrenze; starke Verschlimmerung durch Sitzen, Schreibtischarbeit; Verschlimmerung durch Stehen (Warten), das hängt mit seiner Ungeduld zusammen; Besserung durch Massagen, Bewegung und Anspannen. (Massage an dieser Stelle brachte Besserung, doch dann verstärkt sich der Schwindel in den Augen). Dieses Symptom kommt seit langen Jahren immer unter Streß. Die Gesichtssache hängt eventl. mit Kieferhöhlen zusammen, rechtes Nasenloch ist chronisch zu.

Weiterhin: viel Hautjucken (alter Ausschlag, der vor Jahren durch häufige Einnahme von Sulf. M hervorgebracht wurde). Der Ausschlag wurde schlimmer im Winter mit Rissen an den Fingern. Er hat das Gefühl, ganz schmutzig zu sein, viel Waschen bringt kurzzeitige Besserung, dann aber ist die Haut um so trockener (siehe Fortsetzung 1).
Er hat Bauchprobleme nach blähenden Speisen: rechte Bauchseite, Herzstechen nach vielem Essen, der Schmerz zieht am Rücken au-

ßen herum, ebenfalls sind Herzsymptome vorhanden. Verschlimmerung nach Anstrengung und Darandenken; der Schmerz geht in den linken Oberarm, bis zum Ellenbogen (letztes Jahr Besserung durch AUR. LM 60). Alles ist deprimierend (Kritik), immer wieder ist er ganz im Leid und seufzt. ("Ach, ja...") Auch wenn er sieht, daß die Kinder froh sind, es ist, als ob er das Glück so nicht annehmen kann.

Besprechung

Symptome: Versucht sich zu entspannen, rechts oben am Kopf/Hals kommt er nicht durch, er hat eine Verspannung seit vielen Jahren. Wenn er verspannt ist, hat er rechts im Schulter-/ Nackenbereich ziehend krampfende Schmerzen. Im Gesicht rechts besteht ein pelziges Gefühl, es ist wie gelähmt; wenn es schwerer wird, ist es wie ein Druckschmerz. Massieren, Waschen und Baden bessert.
Aufgrund dieser neuen Symptome geben wir Causticum. Da er schon einmal eine C1000 genommen hat, wird nun eine höhere Potenz verordnet.

- **CAUST. C 10 000 1x geben und abwarten.**

Frage: Wie setzt man *Massage bessert* in Repertoriumssprache um?
Antwort: Unter *Reiben bessert* nachschlagen, entweder unter *ALLGEMEIN* oder dem speziellen Körperteil.

Wo findet man im Repertorium "massieren"?

7.3.1990

Fortsetzung 6

Er hat keine Kraft. Er fühlt sich von uns nicht verstanden. Er findet, daß ein Punkt herausgenommen wird, zerpflückt wird, und für ihn ist das das Schlimmste. Deshalb reagiert er empfindlich auf Witze. Er hat so viel Hoffnung in die Forschungsgruppe hineingesteckt; aber es wird ein Punkt herausgepickt, und das macht ihn so klein. Er sagt, es hängt alles mit der Gehirnerschütterung mit 4 Jahren zusammen, als er depressiv wurde und sich umbringen wollte. Er wollte immer gerne alles mitmachen, aber die Kopfschmerzen lähmten ihn. Er spielte Fußball, fuhr Ski, um mitmachen zu können. Mit 20 Jahren verliebte er sich. Sie wollten sich gemeinsam umbringen, was aber nicht geschah. Dann zerschlug er die Wohnungseinrichtung und warf alles hinaus. Der Grund dafür waren ihre Affairen mit anderen Männern usw.; das begleitete ihn zwölf Jahre lang. Vor zwei Jahren machte er die Heilpraktikerprüfung. Danach kniete er

sich immer mehr in die Homöopathie hinein und wurde dadurch immer verwirrter; Gefühl von Verachtung und Mißtrauen.
Gegen 9 -10 Uhr fühlt er sich schlapp; er versuchte es mit Kaffee, dadurch ging es ihm noch schlechter; jetzt ißt er Schokolade.
Der Ausschlag juckt wahnsinnig, wie von Nadeln.

Besprechung
Es kommt ein Mittel in Frage. Wir werden es später bekanntgeben.

25.4.1990
Fortsetzung 7
7.03.1990
Mittel bekommen, half sehr gut. Viel Energie fließt wie damals nach Aur. nach Bewußtseinsübungen, er hat das Gefühl, an das zentrale Thema zu kommen.

18.03.1990
Alte Sachen kommen zurück: Rheuma rechter Hals, Kopfschmerzen, das Gesicht ist rechts pelzig. Schwäche morgens um 10 Uhr, auch Augenschwäche; Verschlimmerung durch Wärme; Pelzigkeit an den Fingerspitzen und dort Risse. Auch wieder mehr Jucken des Hautausschlags; nachts viele Träume

31.03.1990
Eine Woche abgesetzt; ab 7.04. im Wechsel abends ARN. LM 6 dazu, danach bekam er nach Laufen und Gartenarbeit Herzschmerzen und Depressionen.

12.04.1990
Das Mittel wurde abgesetzt, da er 38,5 °C Fieber bekam; überall Gliederschmerzen und Halsschmerzen, vor allem beim Leerschlucken zum Ohr hinziehend. Er leidet unter Übelkeit bei Speisegerüchen und beim Denken daran. Er hat einen Stau im Kopf. Er friert seit Tagen im Rücken und trinkt häufig Kaltes.
- **ARS. LM30** mehrmals wird verordnet.

Er findet nur kurze Ruhe, dann kommt das Hin- und Herwerfen nachts wieder, er kann keine Position finden (2. Nacht) und hat Herzschmerzen.
- **RHUS-T. LM 30** mehrmals

RHUS-T. bringt Linderung, nach zwei Tagen ist er dann fieberfrei.

15.04.1990
Er findet nachts keine Ruhe; er träumt von der Arbeit, dann erwacht er und kann nicht mehr einschlafen; Herzschmerzen und Angst darüber. (Als Kind hatte er Scharlach). Besserung duch Reiben. Es kommt viel Auswurf durch Hinunterziehen und dann Hochräuspern. Die Augen sind stark verschlimmert. Er hat Kopfschmerzen hinter der Stirn, hat Angst, es mit den Kindern (Krankheiten) nicht zu schaffen; Angst um Existenz (Beruf).

- **Calc-c. LM 30,** 2x tgl. 2 gtt.

19.04.1990
Er bekommt viel Zuversicht trotz Schlafmangel. Abends hat er Schmerzen in der Nierengegend, die in den Bauch ausstrahlen. Verschlimmerung beim Hinlegen, er kann keinen Schlaf finden. Der Bauch ist gebläht, fühlt sich ganz voll an.

21.04.1990
Das Mittel wird abgesetzt. Die Nase ist trocken und schmerzhaft. Verschlimmerung erfolgt im warmen Zimmer; die Symptome waren leicht vorher vorhanden, doch stehen sie jetzt im Vordergrund. Dazu hat er Krusten in der Nase, die beim Abmachen bluten. Morgens hat er ganz feste, grünliche "Batzen" durch Herunterziehen und Hochräuspern, sie sind auch zäh. Wieder Rheuma, vor allem in der rechten Schulter und im rechtem Oberarm, aber auch wandernde Schmerzen; wieder Sehschwäche (Augenschleier). Die Augen sind nach dem Schlaf längere Zeit verklebt. Er hat kalte Füße. Einmal hat er abends Bier getrunken, was verschlimmerte.

- **Kali-bi. LM 18,** 2x tgl. 2 gtt.

24.05.1990
Die Krusten und die Absonderungen sind weniger geworden. Seit zwei Tagen erhöhte Temperatur (37,5°); fühlt sich erschlagen, es ist am Abend besser. Tagsüber Rheuma, in alle Gelenke wandernd. Jetzt hat er vor allem in der rechten Schulter reißende Schmerzen. Es besteht auch eine lähmende Schwäche beim Schreiben an der Tafel; er muß nach zwei Wörtern absetzen. Er hat wieder Halsschmerzen, die in die Brust und die Schulter ziehen. Die Augen sind stark verschlimmert, mit Schleier beim Gehen ins Freie. Immer noch Hochräuspern von zäher, jetzt mehr cremiger Masse.

Schlaf: gegen 4-5 Uhr morgens Erwachen durch Träume und Wachbleiben. Angst um die Zukunft, um Kinder, ihre Krankheiten und um sich (Rheumatisches Fieber als Folge).

Verlangen: Grapefruitsaft; er trinkt viel erfrischende Getränke, ißt nicht viel. Verlangen nach Delikatessen, auch gute Schokolade. Phantasie von den Tropen, leichtes (wenig) Schwitzen am Rücken und in den Achseln; er hat kalte Füße; der Kopf ist besser in frischer Luft; heißes Duschen entspannt völlig. Er fühlt sich schmutzig mit trockener Haut.

Besprechung

Placebos können Klarheit bringen

Bekanntgabe des Mittels: Placebo. Er reagierte auf einmal sehr empfindlich auf eine harmlose Bemerkung. Wollte eine richtige Behandlung. Es wurde als eine Verschlimmerung auf CAUST. angenommen.

Obwohl die Verlangen auf TUB-BOV. hindeuten, geben wir THUJA aus folgenden Gründen:

TUB-BOV. wirkt oft viel besser nach THUJA. Jedoch müssen beide zum gegebenen Zeitpunkt angezeigt sein. Die Krusten aus der Nase passen besser zu THUJA.

- **THUJA LM 30,** 1x täglich 2 gtt auf Wasser.

Die Therapie wurde nicht mehr im Kreis geführt. Im Laufe der Zeit besserte sich einiges. THUJA wirkte gut.

Frau A., 28 Jahre

Verstauchung, Hämatom am Fußgelenk

Schmerzsymptomatik und Modalitäten

Frau A. ist mit dem Fuß umgeknickt, am Fußgelenk hat sich eine Schwellung mit Hämatom gebildet. RHUS-TOX. hat ihr nicht geholfen. Sie hat stechende Schmerzen auch in Ruhe. Wärme tut nicht gut. Scharfer Schmerz, wenn sie auf Unebenheiten auftritt. Unsicherheit beim Gehen, könnte umknicken. Druck ist schmerzhaft, schnelle Bewegung verschlimmert, langsame Bewegung bessert.

Besprechung

Langsame Bewegung bessert, *Ruhe <*, *Kälte >*, diese Symptome geben den Ausschlag für PULSATILLA.

Sonst kämen noch in Frage:

Bewährte Mittel bei Verstauchungen

1. LEDUM
2. ARNICA ist *bergauf <*
3. ARG-MET. und RHUS-T. sind *bergab <*
   Bei **Abnutzungserscheinungen ARG-MET.**
4. **CARB-AN. bei *Umknicken***; es fehlt die *Kraft im Knöchel*
5. Wenn es **angeboren** ist (**Bänderschwäche**), dann ist **NAT-CARB.** ein wichtiges Mittel.

- **PULSATILLA** LM30, 4x tgl. 2 gtt.

18.10.1989

Fortsetzung 1

Jetzt besteht ein dumpfer Schmerz beim Gehen, bei längerer Belastung ein stechender Schmerz unterhalb des Innenknöchels, nachher längere Zeit Ruheschmerz; stechender Schmerz beim Treten des Gaspedals; ziehender Schmerz im Bereich des Sprunggelenks, besonders an der Innenseite bei der Abduktion.

Etwas Morgensteifigkeit; morgens keine Schwellung oder nur gering; je nach Belastung mittlere bis starke Schwellung am Abend im Bereich des Innen- und Außenknöchels.

Starker, stechender Schmerz bei Tritt auf Unebenheiten; ohne Stützverband stärkerer Schmerz beim Gehen.

Seit zwei Tagen keine Verschlimmerung mehr bei lokaler Wärme. Vorgeschichte: Als Kind mehrmals Sprunggelenksdistorsionen sowie Senk-Spreizfuß festgestellt; Vater und Bruder leiden auch unter Bänderschwäche.

Besprechung

PULSATILLA tat ihr allgemein gut und brachte die tiefe miasmatische Schicht zum Vorschein.

Neuer Zustand: morgens keine Schwellung des Knöchels, durch Belastung abends dick geschwollen; seit drei Tagen Mundwinkelrhagaden links.

Repertorisation:

EXTREMITÄTEN - FUß

Über Unebenheiten gehen sucht man unter *Auftreten* im Repertorium. *Stechender Schmerz im Fußgelenk beim Auftreten*: ALUM., GRAPH., KALI-C., PHOS., SIL.

(Angeborene) *Bänderschwäche im Fuß*: *Künzli - Repertorium Generale* (Seite 1016 engl. Repert.), dt. *Kent*, *Schwäche*, *Knöchel* (Seite 1008)

Die Kälte ist ihr eher unangenehm geworden, deswegen

- **SILICEA LM30,** 1x tgl. 2 gtt auf 1 Eßlöffel Wasser

Außerdem folgt es gut auf PULSATILLA.

25.10.1989

Fortsetzung 2

Die Beschwerden wurden mit SILICEA zu 80% innerhalb von zwei Tagen besser. Im Moment ist nur noch eine Morgensteifigkeit und eine ganz leichte Schwellung vorhanden. Sie konnte schon ohne Verband laufen. Das Gelenk ist ganz in Ordnung, nur die Bänder sind noch betroffen.

Knöchelschwäche: Silicea

- **SILICEA LM30** soll einmal täglich weiter genommen werden, zumal SILICEA auch sehr gut bei **schwachen Knöcheln** wirkt.

13.12.1989

Fortsetzung 3

SILICEA tat nicht nur ihrem Fuß gut, sondern es kamen auch altbekannte Symptome wieder zum Vorschein: Flackern vorm linken Auge; wenn sie schaut, wird es ganz schlimm, es kommen Kopfschmerzen hinzu, eine kleine Stelle auf der Stirnmitte; schmerzhafte Lichtempfindlichkeit (nimmt seit ca. 8 Wochen SIL.).

Das Flackern hat SILICEA auch.
Es ist zu finden unter: *SEHEN, Flimmern während Kopfschmerz.* Es sieht wie eine Verschlimmerung von SILICEA aus. Es sind im Grunde genommen alte Symptome, und es geht ihr allgemein besser. Sie gibt uns auch zu bedenken, daß ihre Fußgelenksschmerzen ganz leicht zurückkommen, wenn sie SIL. absetzt. Sie hat das Gefühl, ihr Fuß formt sich um; sie hat Plattfüße, und ihr Fuß wird straffer.
SILICEA wird verdünnt weitergegeben, um die Kopfschmerzsymptome abzuschwächen. Einen Tropfen auf ein Glas Wasser geben, umrühren, wegschütten, nochmals mit Wasser auffüllen, umrühren und davon einen Eßlöffel nehmen. Hier tritt die Regel der Reaktionen in Aktion: Alte Symptome kommen zurück, die im Mittelbild vorhanden sind. Allgemein geht es >. Mittel verdünnt weiternehmen.

Weitsichtigkeit durch feines Arbeiten: Arg.-n.

Exkurs: Wenn **Weitsichtigkeit** entsteht, **weil man zuviel fein gearbeitet hat**, "wo man ganz genau hinschauen muß", dann **ist ARG-N.** ein wichtiges Mittel.

25.4.1990
Fortsetzung 4
Vor Ostern bekam sie aufgrund von Durchnässung eine Erkältung: Gliederschmerzen, morgens Durchfall; fünf Minuten vor dem Durchfall hatte sie einen Schwächeanfall. Sie nahm NUX-V. C 200 eine Gabe und fühlte sich nach 20 Min. wieder gut. Aber es kam ein Schnupfen mit gelbem Sekret. Starkes Verlangen nach heißer Zitrone mit Honig. Deswegen nahm sie TUB-BOV. LM 120 einmal täglich drei Tage lang und die Erkältung war weg.

Verlangen nach Zitronentee: Tuberculinum

Am 21.04.90 war sie bei starkem Wind draußen und bekam nachts Halsschmerzen; mehr rechts und Stirnkopfschmerz rechts. Heiße Getränke besserten kurz den Halsschmerz. Sie nahm LYC. LM 60 eine Gabe, was ihr sehr gut tat, aber die Periode wurde sehr verstärkt. Seitdem nimmt sie kein Mittel.
Seit der letzten Nacht ist der Schmerz wieder stärker, immer noch rechts stärker als links. Auch die Drüsen sind betroffen, rechts besonders stark. Kalte Luft und Leerschlucken verschlimmern stark. Heute früh hustete sie fünf Minuten und jetzt, seitdem sie aus dem

Auto ausgestiegen ist. Ein Hagelkorn im rechten oberen Augenlid. Juckreiz auf der Stirn. Die Zunge ist hinten eher gelb-weiß.

Besprechung

RHUS-T. und LYC. passen zu den Symptomen. RHUS-T. paßt eher wegen der Vorgeschichte (Durchnässung). Der Juckreiz auf der Stirn und Zunge passen auch zu RHUS-T.

● **RHUS-T. 10M** zwei Gaben innerhalb von fünf Minuten (Doppelgabe).

Schon nach der ersten Gabe verspürte sie eine Besserung.

20.6.1990

Fortsetzung 5 - Bericht

Am nächsten Tag kam der Husten wieder, und sie nahm nochmals RHUS-T. XM , aber es half nicht viel. Am darauffolgenden Tag wurde der Husten noch schlimmer, und abends liefen ihr kalte Schauer den Rücken hinunter. Aufgrund der vorausgehenden Repertorisation und der akuten Symptome vor zwei Tagen, wo RHUS-T. und LYC. in Frage kamen, nahm sie eine Gabe LYC. C 200 und am nächsten Morgen noch einmal.

Der Husten verschwand dann bald.

Die Weitereinnahme von SILICEA stabilisierte den Fuß, und auch die Kopfschmerzen gingen weg.

Frage: Können **zwei verschiedene antimiasmatische Mittel** zusammen gegeben werden?

Gleichzeitige Gabe verschiedener antimiasmatischer Mittel

Antwort: Ja. Es geht nicht darum, zwei Miasmen abzudecken, sondern zwei Zustände. Manche Mittel können aber nicht kombiniert werden, z.B. NAT-MUR. - das Prinzip des Akzeptierens - und TUBERCULINUM - das Prinzip des Durchsetzens. Das paßt nicht zusammen.

Frage: Es ist beobachtet worden, daß **LM-Potenzen nach C-Potenzen ungünstig** sind.

LM-Potenzen nach C-Potenzen

Antwort: Das gilt nur dann, wenn die LM-Potenz niedriger oder auf derselben Wellenlänge liegt. LM mal zehn entspricht der C-Potenz. Eine LM120 entspricht ungefähr einer C1000. Es wäre ein Kunstfehler, mit der LM60 auf eine C1000 zu folgen. Hier müßte zumindestens eine LM120 folgen. Nach der C200 gibt man z.B. die LM60. Wenn aber die C-Potenz nicht gewirkt hat, ist die Wahl der Folgepotenz davon unbeeinflußt.

Warum zeigt das passsende Mittel keine Wirkung?

Frage: Warum zeigt das **passende Mittel manchmal keine Wirkung**?

Antwort:

Gehen wir durch die sechs Prüfpunkte, wenn das Mittel nicht wirkt.

1. Das Mittel hat doch geholfen; das stellt sich erst heraus, wenn wir jedes einzelne Symptom mit dem Patienten durchgehen.

Dazu zitieren wir Hahnemann im § 253 Organon der Heilkunst

"Unter den Zeichen, die in allen, vorzüglich in den schnell entstandnen (acuten) Krankheiten, einen kleinen, nicht jedermann sichtbaren Anfang von Besserung oder Verschlimmerung zeigen, ist der Zustand des Gemüths und des ganzen Benehmens des Kranken, das sicherste und einleuchtendste. Im Falle des, auch noch so kleinen Anfanges von Besserung: eine größere Behaglichkeit, eine zunehmende Gelassenheit, Freiheit des Geistes, erhöhter Muth - eine Art wiederkehrender Natürlichkeit. Im Falle des, auch noch so kleinen Anfangs von Verschlimmerung aber das Gegentheil - ein befangener, unbehülflicher, mehr Mitleid auf sich ziehender Zustand des Gemüthes, des Geistes, des ganzen Benehmens und aller Stellungen, Lagen und Verrichtungen, was bei genauer Aufmerksamkeit sich leicht sehen oder zeigen, nicht aber in Worten beschreiben läßt."

2. Die Potenz war zu niedrig.
3. Das Mittel wurde nicht wiederholt, besonders akute Mittel wie RHUS-T. und BRYONIA u.a. erfordern nach Hahnemann eine Doppelgabe, was aber auch vom Zustand, der Heftigkeit und Chronizität eines Falles abhängig ist.
4. Der Fall ist blockiert (z.B. durch Impfung, Medikamente)
5. Ein anderer Zustand ist im Vordergrund als der behandelte. Das verabreichte Mittel kommt später in Frage. Zuerst muß ein anderes Thema mit einem anderen Mittel angegangen werden.
6. Das Mittel ist doch nicht das passendste.

Über die Unvollständigkeit des Repertoriums

Nicht alle Symptome stehen im Repertorium. Es gibt heute (1997) vollständigere Repertorien. Bei den altbewährten Arzneimittelbildern sind viele Ergänzungen nötig. Hunderte und Tausende von Prüfungssymptomen und klinisch bestätigten Symptomen haben aus verschiedenen Gründen noch nicht den Weg ins Repertorium gefunden. Einmal, weil viele noch nicht ausgewertet sind, und zum anderen, weil sie angezweifelt worden sind.

Der Homöopath und Prüfer *Nening* wurde die "Symptomfabrik" genannt. Er produzierte Hunderte von Symptomen. Sogar Hahnemann zweifelte an seinen sensitiven Fähigkeiten, aber sie waren wohl echt. Er war einer von den besten Prüfern.

Übelkeit beim Karusselfahren, Schlechtwerden beim Zusehen

Frage: Meiner Mutter wird es **schlecht beim Karussellfahren** (COCC.), aber es wird ihr auch schlecht, wenn sie mich, ihre Tochter beim Karussellfahren sieht.
Antwort: **Schlechtwerden beim Zusehen** ist CONIUM.

Frage: Bei einem ARG-MET.-Fall kamen die Schmerzen im Knie langsam wieder, ARG-MET. D6 half nicht weiter, also die Potenz erhöhen: ARG-MET. LM6.

Frage: Sie hat aber auch Blinddarmreizung, die schlimmer im Streß wird; nie am Wochenende, nur während der Arbeit (NUX-V.). Kann noch ein anderes Mittel gegeben werden?
Antwort: Ja, weil es sich hier um zwei verschiedene Zustände handelt.

Schleuderträuma

- **Wirbelverletzung**, auch Wirbelverschiebung, wenn der Schmerz zur Stirn ausstrahlt: MEZEREUM

Wirbelverletzung

- **Gesichtsverletzung**: SYMPHYTUM ist wichtig, wenn die Knochen im Gesicht mit betroffen sind.

Gesichtsverletzung

- **Schleudertrauma, Kopfverletzungen, Erschütterungen** und Gefühl, als ob die Wirbelsäule verschoben sei: MAGNETIS POLUS ARCTICUS (Nordpol) und MAGNETIS POLUS AUSTRALIS (Südpol).

Gefühl, als ob Wirbel verschoben

Südpol: wenn alte Erinnerungen zurückkommen; auch wenn plötzlich Erinnerungen an frühere Leben kommen.

alte Erinnerungen kommen

Nordpol: Er kann in die Zukunft sehen; aber das passiert nicht nur nach einer Gehirnerschütterung.

- **Akute Schmerzzustände**

Depressionen bei Schmerzen: **NUX-V., AUR.**

Möchte sich umbringen vor Schmerzen: **AUR., SYPH.**

Frage: Wo findet man **Gewichtsabnahme oder -zunahme im Repertorium**?

Gewichtsab- und -zunahme im Repertorium

Antwort: Unter *ALLGEMEIN*: *Abmagerung* und *Adipositas* (Englisch: *Emaciation* und *Obesity*)

Dickwerden in der Schwangerschaft: SULF.

Abnehmen in der Schwangerschaft: CARC.+, SEP.+, TUB.+, NAT-M.

Frau P., 25 Jahre

Abszeß am Kinn

28.8.89

Lokalsymptomatik

Sie hat seit Juli 89 einen inzwischen verhärteten Abszeß zwischen Kinn und Kehlkopf, der erfolglos mit Antibiotika behandelt wurde. Schmerzen hat sie nur, wenn sie darauf drückt.
An der äußeren Kehle spürt sie einen Druck, wie wenn jemand mit dem Finger drückt. Das ist abends schlimmer, morgens besser.

Halsschmerzen

Oft hat sie dann auch Halsschmerzen, z.B. nachdem sie mit den Kindern nach einer Streiterei geschrieen hat. Schlucken verschlimmert; abends besser, auch wenn sie abends weggeht, Ablenkung hat, weg von den Kindern ist, keinen Streß hat.

Modalitäten der Tageszeiten

Sie sei sehr nervös, schnell aus der Ruhe zu bringen, fährt auf und ist wütend. Morgens ist eine gute Zeit, obwohl sie ein Morgenmuffel ist, hat sie morgens viel Kraft. Nach dem Mittagessen geht es bergab mit der Kraft, sie legt sich hin, dann ist es besser.
Abends ist ihr alles zuviel, sie ist dann schlecht aufgelegt, weil sie die Arbeit machen muß. Bekommt dann auch einen Zorn, den sie nicht ausspricht, es ist immer dasselbe. Sie ißt abends nicht mit. Die anderen fordern sie dazu auf, dann ißt sie mit, obwohl sie keine Lust dazu hat. Manchmal hat sie auch Hunger, dann ißt sie zuviel und merkt es erst hinterher, ist am Ende und braucht eine Zigarette. Dann macht sie alles sauber. Wenn Sie mit ihren Kräften am Ende ist, geht sie schlafen.
Wenn sie abends weggeht, ist alles wie weggeblasen, und sie kann lange fortbleiben. Sie fühlt sich in Gesellschaft wohl. Am anderen Morgen geht es ihr sehr gut. Allgemein geht es ihr morgens gut, da niemand etwas von ihr will. Mittags kommen die Kinder, und sie weiß, daß sie sich um alles kümmern muß, aber alles ist ihr zuviel.

Geistige Symptome

Der Gedanke, einmal zwei Wochen alleine wegzufahren, wäre toll, doch dann will das der Partner auch, und sie kann sich nicht vorstellen, mit den Kindern alleine zu sein. "Man sollte mal...", das kann sie nicht mehr hören. Es muß konkret sein: "Jetzt machen wir...". Sie will sofort eine Entscheidung. Es lähmt sie, alles zu organisieren. Sie fühlt sich alleingelassen. Sie verzichtet auf spontane Unternehmungen, da es ihr zuviel ist, alles allein zu organisieren und auch noch den Partner anzukurbeln. Sie will einfach auch zu Hause sein ohne etwas anderes. Wenn ihr alles zuviel ist, will sie ins Bett und schlafen, ihre Ruhe haben oder aktiv sein, in Gesellschaft sein. Sie will keine Konflikte mit dem Partner. Obwohl der Streit guttut, bekommt sie dann aber ein schlechtes Gewissen, was wieder zu Aggressionen führt. Eigentlich darf sie nicht streiten.

Blasen- und Nierenbeschwerden:
Früher hatte sie oft Nierenkoliken und Nierengries. Kann auf Blasendruck kein Wasser lassen, nur ganz wenig. Die Finger werden dick, auch die Knie und Füße, hat Wasseransammlungen am ganzen Körper. Außerdem Nierenschmerzen: krampfartig, kolikartig, rotes oder schwarzes Urinsediment. Die Schmerzen ziehen auch in den Harnleiter hinunter, sind stechend. In der Blase hat sie brennende Schmerzen beim Wasserlassen. Wenn sie viel Salz ißt, wird es schlimmer. Die Füße und Finger sind dann auch heiß. Sonst hat sie eher kalte Füße. Hat viel Kleidung an, da sie leicht friert.
Kopfschmerzen im Zusammenhang mit Wasseransammlungen, ausgehend vom Genick, das steif wird.
Krampfartige Schmerzen über den Augen mit Lichtempfindlichkeit, kaltes Wasser bessert. Sie mag kein kaltes Wasser (Duschen).
Eiterpickel an der Stirn und Leberflecken am Rücken.
Pelziges Gefühl über der rechten Oberlippe, während eines Gewitters zuckt es dann in dem Bereich.
Sie kann Sonne gut vertragen, außer am Kopf.

Appetit und Durst

Essen: Sie ißt eher wenig, Fruchtjoghurt, gerne Käsebrot, Brot allgemein und Vollkornquarktaschen.
Mag keine Eier und Fleisch. Obst mochte sie noch nie gerne, außer frische Kirschen, große Abneigung gegen Äpfel und Apfelsaft, Zukker und Honig.
Trinken: morgens zwei Becher schwarzen Kaffee, abends gerne Bier.

Menses: alle drei Wochen, manchmal mit Kreuzschmerzen verbunden, früher hatte sie auch zwei Wochen lang wehenartige Schmerzen.

Nux vomica

- **Nux-v. LM60,** 1x täglich 3 Tropfen abends

19.9.89:
Es geht ihr allgemein gut, die Halsschmerzen sind weg, der Druck

mit Nux werden die akuten Beschwerden besser

am Kehlkopf ist weg, der Abszeß ist noch da, die Wasseransammlungen sind viel weniger geworden.
Im Hals löst sich der Schleim, der morgens bitter schmeckt. Sie ißt abends nicht mehr so wahllos. Seit sie das Mittel nimmt, hat sie so ein zittriges Gefühl in dem Muskel, den sie gerade beansprucht. Bewegung und schweres Heben verschlimmerm, Ruhe bessert.
- **Nux-v.** wird weiter verabreicht, Reduktion auf 1 x 1 Tropfen.

29.9.89
Die Unterlippe ist geschwollen mit ziehenden Schmerzen, Herpesblasen im Mund. Rasende, pochende Kopfschmerzen über dem linken Auge, strahlen bis zur Stirn. Der Schmerz war erst rechts, dann links, dann wieder rechts.
Ziehende Schmerzen im Genick links. Sie strahlen aus zum Ohr. Schlafen bessert, Aufstehen verschlimmert. Sie ist unruhig wegen der Schmerzen. Fieber nachts mit viel Schweiß, tagsüber auch Fieber, aber ohne Schweiß. Kein Durst, kein Appetit, Übelkeit morgens.
Auslöser: Sie hat zuviel gearbeitet, sich übernommen.
Sie hat jetzt Angst, daß es ihr bis morgen nicht gut geht, da ihre Tochter Geburtstag hat und eine Party steigen soll. Sie hat am 23.9.89 Nux-v. wegen der Periode abgesetzt. Vom 24.9. auf 25.9. kamen dann die Beschwerden. Am 27.9. hat sie Nux-v. wieder genommen. Tagsüber friert sie, nachts ist es ihr warm. Sie will nur ihre Ruhe haben.
Sie spürt auch jeden Zahn.
Die rechte Gesichtshälfte ist geschwollen. Das Gesicht ist rot, heißer Kopf, rote wäßrige Augen. Sie friert, will zugedeckt sein, hat kaum Durst, eher auf Wasser. Sie hat Fieber, fühlt sich schläfrig, erschöpft. Die ganze rechte Seite tut weh, und ihr ist übel. Vor Schwäche ist sie im Bad zusammengebrochen.
- **Belladonna** C200, eine Gabe.

30.9.89 morgens:
Sie fühlt sich etwas besser. Wärme auf der rechten Wange tut gut. Sie konnte gut schlafen. Die ganze rechte Körperseite prickelt, und in den Zähnen auf der rechten Seite hat sie ziehende Schmerzen. Auf der Zunge sind Zahneindrücke. Sie fühlt sich, wie wenn sie sich völlig überanstrengt hätte. Sie muß tief Luft holen, die Atmung stockt immer wieder.

Es ist ihr heiß am ganzen Körper. Die Blasen im Mund schmerzen auch. Sie hat Halsschmerzen eher rechts, ein blasses Gesicht, pelziges Gefühl im Kopf über dem rechten Auge. Die Übelkeit ist weg.

- **SULFUR C200,** eine Gabe

Anruf abends: Es geht ihr viel besser, sie spürt wieder Energie - abwarten.

6.10.89:
Sie hat wieder mehr Kraft, die Unterlippe ist noch geschwollen, Herpesblasen auf den Lippen.
– Ziehende Schmerzen im Unter- und Oberkiefer, die rechte Gesichtshälfte ist pelzig, es kribbelt auch zur Nase hoch und zur rechten Wange.
– Plötzlich einsetzender dumpfer Ton im Ohr auf der rechten Seite, wie wenn es zum Gehörsturz kommt. Das hält nur kurze Zeit an, dann ist es wieder normal.
– Sie fühlt sich körperlich nicht mehr so belastbar, Autofahren strengt sie an. Sie bekommt Sehstörungen und Schwindel, allgemein bei Sachen, bei denen sie sich konzentrieren muß.
– Sie hat viele Pickel im Gesicht und auf dem Rücken.
– Halsschmerzen, rechts in der Höhe des Gaumens, ein Gefühl, wie wenn jemand dauernd mit einem Holzspatel die Zunge herunterdrückt, nur beim Leerschlucken.
– Der Abszeß bewege sich nun, er wandert nach vorne in Richtung Kinn und zur rechten Seite und ist in Ruhe schmerzhaft. Sie verlangt von sich aus SULFUR und nimmt einige Gaben.

Besprechung
Es soll überprüft werden, ob die Behandlung richtig läuft.
Beim Vorlesen wird das Symptom *urinieren* > sofort von Teilnehmern herausgepickt und gleich an GELS. gedacht. Das paßt hier nicht. *Urinieren* > gibt es als Rubrik im *Synthetischen Repertorium* und im *Repertorium Generale*, wobei im letzteren die Rubrik nicht vollständig ist. Bei der Patientin ist an LYC. und SEP. zu denken (siehe unterstrichene Symptome, sowie die geistigen Symptome). NUX-V. geht es abends auch besser, aber nur, wenn er abends nicht mehr arbeiten muß (Ausnahmen davon gibt es auch).
Es wird gefragt, ob es nicht ein Herpes zoster sein könnte, da alle drei Trigeminusäste betroffen sind. Die Patientin hat auch Blasen

im Mund und ein Taubheitsgefühl auf der betroffenen Gesichtshälfte.
Der Abszeß am Kinn wurde erst erfolglos mit Antibiotika behandelt und kam dann nach Sulf. in Bewegung.Es interessiert die Teilnehmer, welches Mittel für die Augensymptomatik in Frage käme.

Für die Repertorisation wurde folgendes in Betracht gezogen:
- Autofahren strengt sie an, ihr wird schwindlig.
- Dieses Symptom sucht man unter *Schwindel - Sehen - Anstrengung*
- Sehstörungen beim Autofahren (Konzentration)

Caust. kommt in beiden Rubriken vor. Jetzt hat sie zusätzlich Kieferschmerzen. Diese Art Kieferschmerzen hat auch Caust.

verschiedene Sehstörungen

Verschiedene Arten von Sehstörungen:
- *Confused*: *verwirrtes Sehen* (*Keller/Künzli Repert.*) oder undeutliches Sehen (*Repert. Generale*) in der Übersetzung.
- *Swimming of letters and objects* (Verschwimmen von Buchstaben und Gegenständen)
  Was ist der Unterschied zwischen *Verschwimmen der Buchstaben* und *Zusammenlaufen der Buchstaben*?
- Schwimmen:
  die Buchstaben bewegen sich auf der Stelle, aber auch in die Tiefe.
- Zusammenlaufen:
  Buchstaben laufen in einem Punkt auf einer Ebene ineinander.
- *verwischtes Sehen*: wie über's Auge gewischt.Die Konturen brechen sich.

Mouches volantes
Nat. mur.
Calc.
Bell.

- *Mouches volantes*:
  Flusen im Auge; wenn man sie anschaut, fliegen sie weg. Mit Nat-mur. sind die besten Erfahrungen gemacht worden, auch mit Calc. Im Akuten hat sich Bell. bewährt.
- Schwache Augen durch genaues Hinsehen: Ruta

Symptom der Patientin: Sie sieht undeutlich (*Vision confused).* Es fehlt in dieser Rubrik Caust. Bei *Augen schwach durch Anstrengung* ist Caust. dabei. Bei solchen Rubriken ist es besser, die übergeordnet größere zu nehmen oder mit ähnlichen Rubriken zu vergleichen.
Es wird beschlossen, aufgrund der geistigen Symptome erst Sepia

zu geben und später CAUSTICUM.
- **SEPIA LM30,** 1x täglich 3 gtt auf Wasser

8.11.1989
Fortsetzung 1
Nach SEPIA: 10 Tage danach ruft sie an und sagt, daß sie das Mittel gestern abgesetzt hat. Sie fühlt sich unausstehlich und sehr gereizt. Abends ist sie sehr müde, hat auch wieder dicke Finger bekommen. Sie ist sehr nervös und flattrig und schnell aus der Ruhe zu bringen. Die Unterlippe ist innen hart und schmerzt beim Darüberfahren. Sie hat Halsschmerzen rechts und beim Leerschlucken auch Ohrenschmerzen, auch Schmerzen in den Lymphknoten am rechten Kieferwinkel.
Der Herpes, der Ton im Ohr und die Sehstörungen sind weg. Der Abszeß arbeitet sich nach oben. Sie muß nachts viel schwitzen, manchmal auch frieren, wacht auf und ist naß, vor allem am Kopf. Die neuralgischen Beschwerden sind noch da. Sie ist sehr aktiv, und es gelingt ihr viel.
Obwohl SEPIA die Sehstörungen geheilt hat, geben wir trotzdem CAUST., da nervöse und neuralgische Symptome zu CAUST. passen.

Herpes, Ohrgeräusche und Sehstörungen weg mit Sepia

- **CAUST. LM30**, 1x tgl. 3 Tropfen (seit 19.10.1989)

Anruf 15.11.1989
Die neuralgischen Beschwerden sind weg. Allgemein fühlt sie sich gut. Der Abszeß ist kleiner geworden, die Lymphknoten sind links und rechts immer noch dick. Auf Druck schmerzen sie. Die Pickel im Gesicht sind noch da. Morgens nach dem Aufwachen hat sie Genickschmerzen in der Mitte, wie wenn alles steif wird. Manchmal brennt es auch; nach dem Aufstehen geht es weg. Die Halsschmerzen treten nur noch auf, wenn sie sich ärgert oder Streß hat. Die Unterlippe ist fast gut, als ob noch kleine Pickel da wären.

Abszeß mit Causticum kleiner

Niere: Die Abstände zwischen dem Abgang und einem erneuten Nierenstau sind größer geworden. Bei einem Nierenstau bekommt sie nur noch dicke Finger, keine Kopfschmerzen mehr. Das Sediment ist immer noch rot oder schwarz. Sie ist nicht mehr so nervös und hat den starken Drang, sich zu verändern; sich neue Kleider und neue Schuhe zu kaufen.
Vor kurzem hat sie sich eine Zahnspange machen lassen, weil sie einen zu engen Kiefer hat. Seit dieser Zeit sind die Neuralgien weg. Sie hat eine leicht pelzige Lippe; doch insgesamt fühlt sie sich gut.

bei engem Kiefer: Neuralgie besser durch Zahnspange

Besprechung

Caust. weiter geben. Es hat ihr gut getan, und sie hat keine negative Reaktion von dem Mittel, so daß man Dosis, Abstände etc. nicht ändern muß.

17.1.1990

Fortsetzung 2

Die letzten Tage ging es ihr allgemein recht gut. Sie hat Caust. ohne Unterbrechung eingenommen. In letzter Zeit hat sie häufig Rückenschmerzen rechts von der Schulter bis zum letzten Wirbel. Vor allem bei Überlastung oder wenn sie gekrümmt sitzt. Sie kann kaum aufrecht sitzen. Der Schmerz ist ziehend, besser durch aufrechtes Sitzen und durch Wärme; schlimmer durch Bewegung. Sie hat oft das Gefühl, daß sie sich überall verkrampft; zieht die Schulter hoch, beißt auf den Zähnen herum, wenn sie keine Spange trägt. Seit sie die Spange trägt, sind die Verspannungen im Gesicht besser.

Abszeß weg

Der Abszeß ist so gut wie verschwunden, die Kieferlymphknoten sind noch dick und bei Druck schmerzhaft. In letzter Zeit hat sie wieder Halsschmerzen, wenn sie sich ärgert oder aufregt.

Vor der Periode hat sie eine starke Depression, die mit dem Einsetzen verschwindet. Sie ist dann sehr berührungsempfindlich. Sie fühlt sich immer noch reizbar, je nachdem, wie der Austausch mit dem Partner klappt. Wenn sie das Gefühl hat, daß sie alles alleine machen muß, dann geht es ihr schlecht.

Blasen- und Nierenbeschwerden

Die Blasenschmerzen sind nicht mehr ständig da, gestern hatte sie nach langer Zeit wieder Nierenschmerzen. Seit einiger Zeit hat sie auch stechende Schmerzen unter dem Bauchnabel, die in den Unterleib ausstrahlen. Die Farbe des Urinsediments ist nicht mehr so stark. Im Unterleib spürt sie oft ein ziehendes Gefühl, das auch ein stechender Schmerz sein kann. Mit der Haut hat sie immer noch Probleme, viele Pickel, die lange nicht abheilen und rote Flecken hinterlassen.

Psychisch geht es ihr recht gut, aber es kann auch schnell umschlagen, so daß ihr alles zuviel wird und sie gereizt ins Bett geht; heckt auch neue Pläne aus.

Morgens sind die Finger noch dick, dann geht es weg. Sie trinkt nicht mehr so viel Kaffee, ansonsten hat sie zur Zeit mehr Durst.

Der Kopfschmerz über den Augen ist besser geworden. Wenn sie die Zahnspange über längere Zeit nicht trägt, bekommt sie Kopfschmerzen, weil sie dann auf die Zähne beißt.
Sie hat einen guten Appetit, ißt gerne Fruchtjoghurt, Salat, eigentlich alles.

Besprechung

Da die Rückenschmerzen durch CAUST. gekommen sind, muß man erst einmal abwarten. Es kann ein **Placebo** gegeben werden.
Sie erwähnte die Depressionen vor der Periode. Was der Patient von sich aus erwähnt, ist wichtig; d.h. es ist höher zu bewerten. Wenn sie sich ärgert, geht es ihr schlechter.

Bewertung der Symptome

Frage: Muß man nicht überprüfen, ob gewisse Symptome erst nach CAUST. aufgetreten sind?
Antwort: Ja, das müssen wir bei der Fallaufnahme klären, wann ein Symptom zum ersten Mal auftrat. Jetzt ist zu klären, welche Symptome noch durch CAUST. abgedeckt werden und ob die Reizbarkeit vor der Periode erst seit CAUST. da ist. Welche Mittel kommen überhaupt in Frage?
Wir berücksichtigen folgende Symptome:
- *Rückenschmerzen < durch gebeugt Sitzen*:
CHEL., CHIN-S., KALI-J., LAUR., NAT-C., PHOS., RAN-B., SEC., SEP., THUJ.
Es wird berichtet, daß es der Patientin besser geht, wenn sie aufrecht sitzt; sie kann aber nicht lange aufrecht sitzen und fällt schnell in die gebeugte Haltung.
- *Depressionen vor der Periode* und obige Rubrik: PHOS., SEP.

● Wenn die Rückenschmerzen nicht besser werden, kommt später evtl. eines der beiden Mittel in Frage.

31.1.1990

Fortsetzung 3

Die Rückenschmerzen sind weg, sie beißt noch auf den Zähnen, die Verspannung im Gesicht ist trotz Zahnspange noch da, es ist ihr nun bewußter. Der Abszeß ist verschwunden, die Lymphdrüsen sind noch dick. Die Halsschmerzen sind wieder verstärkt, sie kämpft im Moment mit einer Grippe; fühlt sich wieder müde und schlapp; geht früh ins Bett. Es ist ihr überall heiß, und sie schwitzt viel, ohne Modalitäten. Sie hat wenig Durst, kein besonderes Verlangen, we-

Abszeß weg

nig Hunger. Sie fühlt sich immer noch gereizt und berührungsempfindlich. Die Blasenschmerzen sind wieder stärker, vor allem abends und morgens. Die Pickel sind mehr am Rücken, an den Beinen und Armen. Die Haut an Armen und Beinen sieht so wellig aus, als wenn Wasser im Gewebe wäre. Während des Anrufs bricht sie in Schweiß aus. Sie spürt in den letzten Tagen eine große Windempfindlichkeit, hat Angst vor dem Wind, weil sie Schmerzen bekommt; stechende Schmerzen in der linken Gesichtshälfte, nachdem sie vom Wind in die Wärme kommt. In der Folge bekommt sie einen Kopfschmerz über dem linken Auge, Wärme bessert, Wärmeanwendung (Stirnband) verhindert die Schmerzen. Auch das linke Ohr ist empfindlich, reagiert mit Schmerzen auf Wind. Allgemein fühlt sie sich seit zwei Tagen schlapp, letzte Woche spürte sie viel Energie. Die Depression vor der Periode ist noch da.

Wind <: Causicum

Besprechung

Da sie im Moment mit einer Grippe kämpft, muß man erst mal abwarten. CAUST. hat auch die Windempfindlichkeit.
CAUST. ist ein sehr tiefgreifendes Mittel, daher lange abwarten.

25.04.1990

Fortsetzung 4

Vor einer Woche ging es ihr wieder schlechter, weshalb sie wieder zwei Gaben CAUST. nahm. Daraufhin bekam sie eine Grippe, die jetzt so gut wie abgeklungen ist. Ab und zu hat sie drückende Stirnkopfschmerzen, leichte Gliederschmerzen und Halsschmerzen ohne Modalitäten. Sie fühlt sich allgemein unwohl in ihrer Haut.

Seit Wochen schwitzt sie nachts sehr viel, vor allem am Kopf, als ob sie Fieber hätte. Morgens ist alles feucht. Sie wacht mit Kopfschmerzen auf, fühlt sich dann, wie wenn sie getrunken hätte, und mag dann nicht einmal mehr rauchen. Stechende Schmerzen in der LWS, die bis in das rechte Knie ziehen. Beim Aufstehen knarrt es richtig, das tut gut. Sie geht dann einige Schritte, was nicht so schmerzhaft ist, und dann kommt der Schmerz wieder. Die Schmerzen sind da, egal, ob sie körperlich arbeitet oder nicht. Ruhe bessert manchmal kurz.

Abszeß weg

Geistig: Sie will ihre Ruhe haben. Wenn das Telefon klingelt, dann zittert sie, da sie dann sofort meint, daß es jemand ist, der etwas von

ihr will oder der sie angreifen will. Am liebsten möchte sie sich verkriechen, sie mag nicht mehr. Tagsüber friert sie sehr. Sie will auch nicht immer alleine sein; möchte, daß sich ihr Ehemann um sie kümmert. Danach geht es ihr besser. Wenn sie alleine ist, denkt sie nur über das Leben nach, über die Kinder, was sie für Fehler macht, daß sie dafür bestraft wird. Sie findet auch viele Fehler an sich - sie braucht nur in den Spiegel zu schauen, dann sieht sie die Fehler. In diesem Zustand hilft ihr nichts, dann raucht sie viel. Hat oft das Bedürfnis, ein Beruhigungsmittel zu kaufen oder Alkohol zu trinken, damit sie sich betäuben und den Schalter ausschalten kann. Vom Kopf her will sie das nicht tun.
Hat viel geschlafen, fühlt sich im Bett auch nicht richtig wohl. Hat das Bedürfnis davonzulaufen, mag aber nicht weg, nur aus der Situation heraus. Sie fühlt sich mit den beiden Kindern überfordert. Ihr Kopf sagt: "Reiß dich zusammen". Es gibt aber auch Tage, wo sie alles auf einmal machen will, spürt dann viel Energie. Dann merkt sie, daß es nicht geht, hängt total durch und bekommt so wieder ihre Bestätigung, daß es nichts ist. Sie ist dann sehr gereizt, wenn etwas kommt, das nicht in ihren Plan paßt.

Beispiel: Fuhr neulich mit dem Auto zur Disco. Unterwegs fiel ein Scheibenwischer aus, ein Freund hat ihn repariert. Vor der Disco stand eine große Menschenschlange. Da hatte sie plötzlich den Impuls, sofort umzudrehen und nach Hause zu fahren, nichts mehr zu machen. Das stoppt dann alle Energie.

Freut sich jeden Tag auf den heiß ersehnten Abend, dann kann sie ins Bett. Sie findet alles zum Kotzen, es wird ihr dann auch schnell übel. Oder sie sagt, daß sie jetzt eine Allergie davon bekommt, und dann juckt es, und sie bekommt einen roten Ausschlag. Es juckt und zwickt sie überall. Sie hat das Gefühl, daß sie immer mehr Kraft verliert, als ob sie aus ihr herausgezogen wird. Immer wieder hat sie Halsschmerzen im unteren Kehlkopfbereich. Fände es nicht schlecht, wenn sie überhaupt nicht mehr reden könnte. Ihre Symptome kommen ihr so lächerlich vor. Sie traut sich nicht, es anderen zu erzählen; sie sagt sich dann: "Reiß dich am Riemen, den anderen geht's auch schlecht." Es stört sie auch, wie die anderen darauf reagieren; die sagen, das ist normal. Sie haben kein Verständnis für sie. Sie hängt richtig in den Seilen und sieht keinen Ausweg. Der Kaffee ist das einzige, was sie am Leben hält. Sie bekommt davon

einen Schweißausbruch, weil sie zuviel trinkt.
Das Essen belastet sie auch, gekochtes Essen mag sie nicht. Ißt gerne frisches Brot mit Butter.

Grundtendenz: Alles und jeder tut ihr weh. Jeder will ihr etwas Schlechtes, alle wollen sie angreifen. Ihre dicke Haut von früher ist weg. Mit Angriffen von außen kann sie schlecht umgehen, weint dann schnell.
Beispiel: Ein Arbeitskollege hatte etwas an ihrer Arbeit auszusetzen und hat ihr das auf einem Zettel in sehr kleinlicher Art und Weise mitgeteilt. Daraufhin hat sie drei Tage geweint, innerlich gezittert, konnte kein Wort sagen. Sie will sich mit solchen Leuten nicht aussprechen. Sie fühlt sich ungerecht behandelt und in ihrer Person in Frage gestellt.

Angst, wenn das Telefon klingelt: Lycopodium

Besprechung

Caust. hat ausgewirkt. Jetzt braucht sie Lyc. aufgrund der geistigen Symptome. Besonders hervorzuheben sind das Zittern, wenn das Telefon klingelt. Dann das Beispiel mit der Discothek. Sie freut sich jeden Tag auf den heißersehnten Abend usw.

- **Lyc. LM120**, 1x täglich 2 gtt auf Wasser

Eine weitere Behandlung war nicht notwendig bzw. auch nicht erwünscht.

Herr A., 26 Jahre

Heiserkeit

Vorgeschichte: Patient kommt aus der Wärme (Italienurlaub) in die Kälte zurück; er bekommt Schluckbeschwerden, Brennen im Mundbereich und Kehlkopf; Kälte, kalte Milch >.
Anamnese: stark ausgeprägte Heiserkeit; schmerzlos; abends vor dem Einschlafen ein trockenes Gefühl im Mundbereich, als ob ein Haar am Gaumen ist; Kitzeln, Hustenreiz trocken, kein Auswurf. Trinken oder Bonbon bessern kurzzeitig; warme Getränke (heiße) >, jedoch die Trockenheit und das "Haargefühl" kommen zurück.

Besprechung
HEISERKEIT
Was ist der Unterschied zwischen *schmerzloser Heiserkeit* und *schmerzhafter Heiserkeit*?

Symptom Heiserkeit

Schmerzlose Heiserkeit: Es werden Schmerzen erwartet, aber es sind keine da.
Schmerzhafte Heiserkeit: Es werden keine Schmerzen erwartet, aber es sind welche da (frei nach *Kent*).
Wir können noch ein paar Begriffe näher betrachten:
Rauhe Stimme: die Stimme kratzt.
Gutturale Stimme: kloßige Stimme, d. h. wenn die Stimme weicher ist; belegte Stimme, sie kommt mehr aus der Tiefe.
Es gibt auch kloßige Stimme unter *MUND - Wie mit vollem Mund. Sprache wie betrunken* unter *GEMÜT*.
Trockenes Gefühl im Mund ist zu allgemein und zu groß als Rubrik. Es gibt die allgemeine Rubrik *Haargefühl*, aber sein Gefühl ist *Haar am Gaumen*, welches nur Kali-bi. hat. Also geben wir Kali-Bi., zumal Kali-bi. warme Getränke guttun.

Haargefühl am Gaumen: Kali-bi.

20.10.1989
Kali-bi. hat die Heiserkeit und die anderen Symptome in zwei Tagen geheilt.

Mädchen, 8 Jahre

Ekzem und beginnende Neurodermitis

Vorgeschichte

Das Mädchen hat seit frühester Kindheit ein trocken-schuppiges Ekzem; seit einem Jahr hat sie eine beginnende Neurodermitis in der linken Kniekehle. Seit der Kindheit leidet sie an leichten Ekzemen in den Kniekehlen, Armbeugen, an den Fußrücken und unter den Ohrläppchen.

Neurodermitis beginnt nach Entfernung von Warzen

Nach einem Schwimmbad-Besuch im August 1988 bekam sie Warzen in der linken Kniekehle (kegelförmig, weich, klein und hautfarben; sie wurden im November 1988 entfernt). Im Oktober 1988 begann die Haut an derselben Stelle zuerst rauh und schuppig, später rauh, rot und dick zu werden. Die betroffene Stelle juckt stark, so daß sie sich wund kratzt. Daraufhin entzündet sich die Haut und wird mit Zink- und Cortisonsalbe, manchmal sogar mit Antibiotika, behandelt. Die Symptome der Neurodermitis scheinen mit der Angst vor einer Mathearbeit zusammenzufallen; kann sie etwas nicht, so gibt sie gleich auf.

Im Juni 1989 beginnt es auch in der rechten Kniekehle. Jetzt ist auch die linke Armbeuge und das linke Handgelenk betroffen. Der Juckreiz ist nachts und morgens nicht vorhanden; er nimmt am Tage langsam bis zum Abend zu. Verschlimmerung durch Sonne, bei Vollmond, und wenn sie sich erhitzt.

Geistige Symptome:

Das Mädchen ist ein "unruhiger" Geist, sie kann nicht ruhig auf ihrem Stuhl sitzen bleiben. Sie liebt Pferde und überhaupt jede sportliche Betätigung, besonders Schwimmen. Sie ist immer draußen, solange es das Wetter zuläßt; drinnen weiß sie nichts mit sich anzufangen. Sie ist ein eher fröhliches Kind, sie hat viele Freunde und bemuttert oft und gerne den ganzen Tag das Baby der Nachbarn. Das Ekzem scheint ihr nicht viel auszumachen. Nach außen wirkt sie robust, ist aber eher ängstlich. Nachts hat sie schlimme Träume, an die sie sich nicht erinnern kann, und kriecht dann zum Bruder ins Bett. Sie schläft immer mit der Bettdecke über dem Kopf.

In der Schule ist sie gewissenhaft; kann sie aber etwas nicht (Mathematik), so gibt sie schnell auf und macht auch nichts mehr dafür. Sie hat Angst, etwas falsch zu machen. Da sie gerne im Mittelpunkt steht, leidet sie besonders darunter, daß ihr älterer Bruder fast alles besser kann (Schule, Tennis, Musik).
Sie geht nicht auf fremde Toiletten, aus Angst, eingeschlossen zu werden (das kam zu Hause einmal vor); aber auch, weil das Klopapier ganz anders als zu Hause ist.
Sie äußert sich nicht über das, was sie innerlich bewegt, und lacht oft aus Verlegenheit. - Neuem gegenüber verhält sie sich abwartend. Ihre Tante sagt über sie: "Gibt man ihr den kleinen Finger, so nimmt sie die ganze Hand. - Sie ist gierig und gibt nur, wenn sie etwas dafür bekommt."

Allgemeinsymptome und Modalitäten:
Sie ist ein warmblütiger Mensch. Nachts im Schlaf schwitzt sie am ganzen Körper. - Alle akuten Krankheiten sind mit Erbrechen verbunden; sie leidet oft unter Bauchschmerzen. Der Arzt sagt, daß ihr Immunsystem in einem schlechten Zustand ist (zu wenig Immunglobuline); der Allergietest ist negativ. Sie hatte Scharlach, Windpokken und Ringelröteln; sie ist häufig erkältet, oft in Verbindung mit einer Mittelohrentzündung oder sogar mit Lungenentzündung. Sie hat in ihrem Leben bei jeder Gelegenheit, auch prophylaktisch, Antibiotika bekommen.

häufige Antibiotikakuren

Seit etwa vier Jahren hat sie, zwei cm vom linken Mundwinkel entfernt, ein kleines Herpes-Bläschen, das bei bzw. nach jeder Infektion wiederkommt. Es hat sich an dieser Stelle schon eine kleine Narbe gebildet.

Ergänzungen: Vor drei Monaten Herpes, der eine Rötung am Oberlippenrand in Form eines senkrechten Streifens unter der Unterlippe hinterläßt. Sie hat einen chronischen Husten, ein Hustenstoß alle 10 Minuten. Sie braucht Aufregung, um sich wohl zu fühlen. Wenn sie akut krank ist, merkt man es kaum. Die ganze Familie hat immer wieder weiße, brennende Aphthen im Mund. Sie hat einen zu engen Kiefer und trägt deshalb eine Spange.

Vom dritten Lebensmonat bis zum dritten Lebensjahr wollte sie keinen Mutterkontakt. Sie fühlte sich schnell körperlich eingeengt, schrie sehr viel, warf sich nach hinten und machte sich steif. Sie hörte nicht zu und konnte nicht eine Minute bei einer Sache bleiben. Jetzt hat sie gerne Körperkontakt zur Mutter.

Essen und Trinken:
Das Mädchen liebt Nudeln ohne Soße und Süßigkeiten. Sie ißt gerne Obst, Rohkost, Essiggurken und Fisch. Sie mag kein Fleisch ("die armen Tiere!") außer Rouladen und Geflügel; Wurst mag sie auch. Eier und gekochtes Gemüse, besonders Spinat, mag sie nicht. Kartoffeln mag sie nur in Form von Kartoffelsalat.
Sie trinkt gerne kalten Kaba, Limo, Cola und Spezi; warme Milch mag sie überhaupt nicht.

Homöopathische Mittel:
Am 5.08.1989 bekam sie Lyc. LM30 sechs Wochen lang mit einer Unterbrechung wegen eines Brech-Durchfalls mit 40 Grad Fieber. Seitdem hat sie keinen Brech-Durchfall und keine Bauchschmerzen mehr gehabt.

Alpträume mit Calc.-c. weg

Am 23.09.1989 bekam sie Calc-carb. LM30, das sie jetzt noch nimmt. Nach drei Tagen bekam sie eine Erkältung; wollte das Mittel aber nicht absetzen, weil die nächtlichen Angstträume verschwunden waren; sie schläft besser und schwitzt nachts nicht mehr. Die Neurodermitis ist allerdings schlimmer geworden; es ist eine neue Stelle am linken Handgelenk aufgetreten, und sie kratzt sich neuerdings auch nachts im Schlaf. Sonst geht es ihr großartig.

Besprechung

Es gab eine lange Diskussion über ihre Warzen, die vom Hausarzt als Molluscen diagnostiziert wurden. Die Frage ist, ob es wirklich welche sind; die Bilder im Pschyrembel sehen anders aus.

Wenn man den Menschen reden läßt, kommt das Wesentliche heraus

Wenn man über etwas immer weiter reden muß, ist es etwas Wichtiges. Wir wollen aber schnell weiter kommen, in vorgedachten Bahnen weiter verfahren. Genauso ist es bei der Patientenanamnese. Im Gegensatz zu dem, was Hahnemann uns empfiehlt, sollten wir nicht immer den Patienten zum Thema zurückbringen - vielleicht niemals. **Der Patient bzw. der Mensch redet immer über das, was für ihn wichtig ist. Wenn wir ihn lange genug reden lassen, dann verrät er sich.** Das machen alle guten Polizisten. Es ist eine Frage der Zeit. Das bedeutet nicht, daß wir nicht immer wieder **mit Fragen und Anregungen dem Patienten weiterhelfen.**

Sie wirft sich nach hinten und macht sich steif, wenn sie nicht das bekommt, was sie will: Sanic. hat dieses Symptom.
Tub-bov. wirft sich vor Wut auf den Boden, strampelt oder wirft Gegenstände.

steif vor Wut: Sanicula

tobt vor Wut: Tuberculinum

Bei der Erkältung hätte man Tub-bov. geben können. Die Mutter rief aber erst nach der Erkältung an. Tub-bov. paßt hier gut (z.B. mag Pferde) und kann gut nach einer Erkältung gegeben werden. Bei Neurodermitis müssen geistige und körperliche Symptome besser werden und nicht nur der Geist alleine. Arsen an sich kommt als Konstitutionsmittel bei Neurodermitis selten in Frage, höchstens als Zwischenmittel.

Medorrhinum bei Warzen

Bei Neurodermitis sind die Calciumsalze wichtig.
Medorrhinum ist das Mittel, das sie braucht; **wegen des Auftretens der Krankheit nach den Warzen - und die Angst, was machen zu müssen (Mathearbeit)**. Sie hat auch Angst vor dem neuen Flötenunterricht und will erst mal abwarten, was auf sie zukommt; tagsüber Juckreiz <.
Medorrhinum in Zusammenhang mit Warzen (besonders Molluscen) und, noch wichtiger, bei juckenden Warzen. Das sind wichtige Hinweise auf Med.

- **Med. LM60** jeden 3. Tag; später wieder an Calc. denken!

Vorsicht bei Behandlungsbeginn mit Tuberculinum bei Neurodermitis

Frage: Was mache ich, wenn eine Erkältung kommt?
Antwort: Nicht gleich Tub-bov. geben, weil es Neurodermitis ist. Sondern schauen, ob Tub-bov.-Symptome vorhanden sind. **Die günstigste Zeit für Tub-bov. ist bei oder nach einer Erkältung**. Manchmal geben wir bei Calcium-Fällen gleichzeitig Tub-bov.

Abneigungen gegen Alleinsein

Medorrhinum wird den ganzen Fall klären. Wenn man Tub-bov. als erstes Mittel gäbe, gibt es oft Verschlimmerungen, außer bei einer Ausnahme: **Wir sollten nicht vergessen, daß Tub-bov. nicht allein sein will, immer mit der Mutter. Man darf es nicht mit Calc. verwechseln. Calc. will nicht allein sein und braucht den Kontakt. Tub-bov. braucht nicht umbedingt den Kontakt.**

*Der **riesengroße Appetit** von Tub., Cina und Lyc.*

Frage: Ich verwechsle gerne Tub-bov. und Cham.?
Antwort: Cham. will getragen werden. Das ist wichtig.

Frage: Sind die Verlangen wichtig bei TUB-BOV.?
Antwort: Ja, das Verlangen nach besonderen Sachen, z.B. bei Erkältung großer Hunger und Verlangen nach allem und oft in großen Mengen. CINA muß man davon unterscheiden; er will getragen, geschaukelt werden. **TUB-BOV. ist gierig auf alles. LYC. ist gierig auf riesige Mengen und kann nicht aufhören zu essen.**

Frage: Du hast mal bei KALI-CARB. gesagt, "Gibt man ihm den kleinen Finger, dann nimmt er die ganze Hand".

Die Besitzgier von Kali-carb. und Lyc.

Antwort: Das ist so zu verstehen. KALI-C. möchte dich besitzen und LYC. will alles von dir haben (deine Kleidung, deinen Besitz). KALI-C. möchte dich als Person. Wenn du KALI-C. das gibst, nutzt er es aus, er möchte alles von dir. Erzählt der andere von dem schönen Tag, macht KALI-C. ihm Vorwürfe, warum er nicht mitgehen durfte; KALI-C. ist auch sehr neugierig und quetscht den anderen nach Informationen aus. Er macht wieder Vorwürfe und der Streit geht los, den KALI-C. immer mit seinen Freunden hat. Dann trennen sie sich, und KALI-C. geht es schlecht, da er wieder allein und ohne Kontakt ist.

8.11.1989

Fortsetzung 1

Das Mädchen nahm viermal MED., und alles wurde schlimmer; schon nach der ersten Gabe gab es eine Verschlimmerung. Am 3.11.89 nahm sie die letzte Gabe. Bis heute geht es ihr nicht besser.

Besprechung

keine > nach Verschlimmerung

Da sie nicht allein aus der Verschlimmerung kommt, muß ein neues Mittel gegeben werden. Die Haut juckt abends im Bett stärker; Warmwerden verschlimmert. Die Stellen sind größer geworden.

- **TUB-BOV. LM60**

Gedanken zu TUB-BOV.:
Frage: Warum geben wir TUB-BOV, obwohl es doch ohne den Erkältungszusammenhang die Haut verschlimmert?
Antwort: MED. LM60 wurde nach der Erkältung gegeben und hat verschlimmert. Da nach der Erkältung keine neuen Symptome hinzukamen, kann man auch jetzt noch TUB. geben. MED. paßt gut, aber es war der falsche Zeitpunkt.

17.1.1990

Fortsetzung 2

Mit TUB-BOV. ist die Neurodermitis zu 95 % geheilt worden.

Tub. sehr heilsam bei Neurodermitis

- **TUB-BOV.** weiter geben.

31.1.1990

Fortsetzung 3

Der Ausschlag wird besser, geht aber nicht ganz weg. Nachts, besonders im Schlaf, kratzt sie wieder verstärkt. Duschen verschlimmert; sie hat jetzt auch eine Stelle am rechten Handgelenk, die vorher noch nie dagewesen ist.

Besprechung

Seit Mitte Januar TUB-BOV. LM 120, 5 Tropfen auf ein Schnapsglas, weil die Haut nach dem Absetzen von LM 60 wieder schlechter wurde; seit 9.1. Schule, und der Ausschlag fängt wieder an. Wir dosieren höher, um zu sehen, ob TUB-BOV. doch noch hilft; wenn nicht, müssen wir in eine andere Richtung gehen, eher CALC.

Der Fall war mit TUB. abgeschlossen. MED. kam für die Neurodermitis nicht zum Einsatz, jedoch bleibt es für sie ein wichtiges antimiasmatisches Mittel.

Frau D.

Übergewicht

Frau D. hat Übergewicht und möchte abnehmen. In Ruhe hat sie Atemnot, die vor allem bei Bewegung schlimmer ist. Tagsüber brennende Schmerzen in den Füßen; sie bekommt auch Krämpfe in den Füßen. Sie nimmt keine Medikamente ein. Sie ist oft grantig und unzufrieden mit sich selbst. Sie schläft sehr gut, aber beim Umdrehen wird sie wach. Sie kann nicht mehr ("So kann es nicht weitergehen"). Sie will nirgends mehr hingehen; nur dorthin, wo sie keiner kennt. Seit zwei Jahren lebt sie wieder in Deutschland, sie kam mit ihrer Mutter und Tochter aus Kanada zurück, wohin sie vor 30 Jahren ausgewandert waren. Sie wollte eigentlich drüben bleiben, aber ihre Mutter und Tochter wollten nach Deutschland zurück. Die Situation hier war nicht so gut, weil sie wieder von vorne anfangen mußte. Es bestehen aber keine finanziellen Probleme.
Sie hat Hemmungen, unter die Leute zu gehen. Sie probiert jeden Monat eine neue Reduktionsdiät aus. Jetzt möchte sie zur Kur, und der Behandler soll ihr helfen.
1977 hatte sie eine Totaloperation wegen eines Uterus-Ca; ein Ovar ist noch vorhanden; sie war immer regelmäßig zur Kontrolluntersuchung.
Essen: alles; bevorzugt Sachen, die nicht süß sind.
Sie trinkt fast täglich Wein; eine Flasche Wein in ein oder zwei Tagen.

Besprechung

Erst **LYCOPODIUM** LM30, später könnte **SULFUR** in Frage kommen.

Sepia und Lycopodium möchten weg von zuhause

Sie hat **Angst vor dem Neuen und gleichzeitig keine Lust, das Alte weiterzumachen**. Alleine in Kanada wollte sie auch nicht sein. Von den bekannten Leuten möchte sie weg, weil diese sie zu sehr fordern.
Im Unterschied zu SEP. ist LYC. froh, daß er weggeht, aber er denkt daran, wieder zurückzugehen.
SEP. ist weg und freut sich, daß alle weg sind, besonders die Familie. SEP. kann alles hinter sich lassen, sie kann aber auch wieder zurückkommen.

Lyc. hat Gewissensbisse; denkt noch an die Leute, wie die wohl ohne ihn zurechtkommen.
Sep. findet keine Ruhe, solange die Anforderungen noch da sind.

Frage: Verläßt Ars. nicht auch die anderen mit dem Gedanken: „Ihr werdet schon sehen, ohne mich kommt ihr nicht zurecht"?
Antwort: Ars. würde gar nicht weggehen, er sorgt sich um die anderen.
Wenn Phos. schwach ist, braucht er Abstand; in diesem Moment ist es ihm egal. Es kann auch chronisch werden, wenn er schon zuviel für die Familie gemacht hat, wird er gleichgültig. Was bei Carc. und Lyc. nicht passieren kann.
Lyc. will alle beteiligen, wenn er etwas Schönes erlebt.

Arsen sorgt sich zu sehr um andere

Dies war wieder ein Fall eines einmaligen Besuches. Man weiß nicht, ob die Anforderungen durch das homöopathische Mittel zuviel waren oder ob die Wirkung den Patienten zufrieden stellte und er es nicht für notwendig befand, sich nochmals zu melden.
Die Homöopathie ist eine zwar großartige Hilfe, aber es will und kann keine echte Hilfe im ganzen Universum das eigene Tun ersetzen. Der Weg lehrt uns, daß wir immer Hilfe brauchen und brauchen werden und trotzdem immer unabhängiger werden.

Tobias, 1 1/2 Jahre

Zahnungsbeschwerden, Schnupfen, Husten, Wundsein, Milchschorf

Akuter Zustand: Quengelig, wirft Dinge vom Tisch, ißt nur mit dem Messer (schon länger); beißt; eifersüchtig auf den größeren Bruder (drei Jahre); viel Nuckeln; schmeißt sich gleich nach hinten vor Ärger; Zähne kommen nicht durch; viel Schnupfen (einen Tag läuft die Nase drinnen, den anderen Tag draußen), grünlich-gelbe Absonderung, vor allem aus dem linken Nasenloch, tagsüber und nachts keine Absonderung - er atmet durch den Mund. Die Absonderung macht wund wie ein Geschwür; kommt bei jedem Kälterwerden; jetzt geht es ihm gut; ist ohne Bruder; Po wird auch wieder wund; Husten unspezifisch.

Chronischer Zustand: Milchschorf, Ausschlag am hinteren Unterschenkel im September rot und rauh, jetzt nur rauh; in der Kälte scharf abgegrenzte rote, rauhe Wangen; sieht immer dreckig aus. Seit der Geburt einen braunen Flecken auf dem Bauch, kurz daneben eine umschriebene Aufhellung; er hat eine flache Brust; sein Haar hat einen rötlichen Schimmer; man sieht durch die Haut leicht die Adern. Chronischer Schnupfen seit dem dritten Lebensmonat.

Er fällt immer auf die richtige Seite; bei etwas Neuem ist er sehr vorsichtig. Sein Bruder will immer alles ganz hautnah - er nicht; fürchtet sich, wenn Bruder auf ihn zukommt. Er ist eine "Mimose", er will liebkost werden - aber er muß bestimmen wieviel (ja nicht zu nah). Er ist sehr leicht beleidigt; man darf ihn bei nichts stören, sonst wirft er sich nach hinten und flippt aus - ja nichts verändern, wie etwa die Banane schälen/entzweien. Schlägt andere Kinder auf dem Spielplatz.
Morgens will er sofort nach dem Aufstehen ca. einen halben Liter mäßig warme Milch , aber sie muß die richtige Temperatur haben; sonst schreit er, wirft sich hin und schmeißt alles vom Tisch oder mit anderen erreichbaren Sachen.

Verlangen: wechselnd, Streichwurst - aber nur mit dem Messer und das ganze Stück; Käse ebenso; Honig aus dem großen Topf, nicht aus dem kleinen. Sardellenpaste. Viel schmusen, wenn er es will; er ist ein Spielzeugzerstörer.
Erziehungsstil: Mutter erzieht laissez-faire, jedoch mit cholerischem Aufbrausen; sein Vater ist nachgiebiger. Beide haben viel zu tun.

Besprechung
Der tuberculinische Hintergrund ist deutlich; TUB-BOV. und CALC-CARB. haben ihm damals geholfen. Der Punkt "Ohne Bruder geht es ihm gut" läßt an STAPH. denken. STAPH. ist auch sehr heftig, wirft alles um sich.
Erst einmal soll die Wirkung von **KREOS**. abgewartet werden, später kommt STAPH. in Frage.

Staphisagria wirft mit Gegenständen

Frage: Wann macht man einen **Potenzsprung**?
Antwort: Wenn das Mittel nicht so gewirkt hat, wie man es sich vorgestellt hat, besonders auf der geistigen Ebene.

Wann macht man einen Potenzsprung?

25.10.1989
Fortsetzung 1
KREOS. hat nicht geholfen. Mit STAPH. wurde die Eifersucht etwas stärker. Nach der dritten Gabe hatte er einen heftigen Eifersuchtsanfall, er warf mit Gegenständen.

Besprechung
STAPH. absetzen und so lange warten, wie die Besserung anhält. Es könnte sein, daß STAPH. als Konstitutionsmittel im ungünstigen Moment gegeben wurde (Schnupfen). Es sollte eigentlich immer das Vordergründige behandelt werden.

8.11.1989
Fortsetzung 2
24./25.10.1989
Absetzen von STAPH. C200; Doppelgabe SCARLATINUM M wegen Kontakt mit Scharlachkindern.

Scharlach-prophylaxe

30.10.1989 / 1.11.1989
Wetterumschlag von warm auf kalt, bei Großeltern nachts Kolik im Bauch, will nur getragen werden, höchst ärgerlich, eine rote Wan-

Zahnungs-beschwerden: Cham.

ge; Zähne brechen nicht durch: Cham. C200, zweimal in zwei Nächten führte zu einer Besserung (Schlaf); gleichzeitig wieder mehr Schnupfen und mehr Nuckeln.

8.11.1989
Weiterhin Zahnung, er hängt an der Mutter; will häufig auf den Arm, aber nicht so eng; soll sich nur mit ihm beschäftigen; wenn sie kommt, lehnt er sie zunächst völlig ab, erst nach einer Weile ist sie seine Mutter. Beißt viel, nimmt häufig den Daumen in den Mund; beißt auf harten Sachen herum; schlägt andere Kinder; läuft den ganzen Tag mit einer Flasche herum und trinkt immer wieder mal einen Schluck. Der Stuhlgang ist ganz gelb, hat aber keinen Durchfall; häufiges Aufstoßen; er hat wieder einen wunden Po. Gegen Abend ist alles schlimmer; hat einen roten Rachen; morgens ist die Stimme belegt, und der chronische Schnupfen läuft noch mehr (ohne Modalitäten); Rasseln auf der Brust; seine Verlangen sind variabel (schmeißt Essen durch die Gegend, ißt nur mit scharfem Messer, zur Zeit geräucherte Wurst, Nüsse, trinkt Suppenbrühe), er ist weiterhin eifersüchtig. Draußen ist alles besser.

Mein Problem: Er hat im letzten Jahr schon alle möglichen Mittel bekommen; ich fühle mich unwohl, wenn ich ohne Linie herumprobiere - es hilft dann ein bißchen oder auch nicht. Soll ich wieder Tub-bov. geben? Er hat es schon mehrmals bekommen. Es ist für mich eine grundlegende Frage, wie ich jetzt weitermachen soll. Momentan gebe ich ihm die Bachblüte "Walnut".

Besprechung
Trinkt viel Suppe, schlägt andere Kinder, hängt an der Mutter:
- **Calc-ars. LM30.**

6.12.1989
Fortsetzung 3

Cina bei der Zahnung

Nach einigen Tagen klare Cina-Symptomatik (C30, 2x tgl. 3 gtt), es half sehr gut für die akute **Zahnung** mit Quengelstimmung.

21.11.89
Schnupfen lief zuerst wieder arg ohne erkennbare Modalitäten; nachts im Schlaf röchelndes Schnarchen, **wenig unspezifischer Husten**, läßt sich mehr vom Bruder gefallen, geht mehr auf ihn zu,

hat viel Energie; Zähne noch nicht da, Milchschorf fast weg; **"Riesenszenen" (Auf den Boden werfen),** wenn gegen seinen Willen gehandelt wird **(Anziehen); Verlangen: Mandarinen, Joghurt, Süßes.**

Besprechung

Die Erkältungserscheinungen in Zusammenhang mit der typischen tuberculinischen Laune und den Eßgelüsten weisen auf TUB-BOV.

Tuberculinum wichtig bei Erkältungen

- **TUB-BOV. LM120,** alle 3 Tage 2 gtt auf Wasser

13.12.1989

Fortsetzung 4

Nimmt seit einer Woche TUB-BOV. LM120, mußte nach der ersten Gabe (2 gtt auf Eßlöffel Wasser) verdünnt werden, da das Kind mehr Energie hatte und kaum auszuhalten war mit seinem eigenen Willen. Vor zwei Tagen große Wunde an der Grenze Unterlippe zum Kinn durch Beißen beim Runterfallen.

- **STAPH. C200,** 2 x innerhalb Stunden fast zugeheilt, doch auf STAPH. kamen wieder große Eifersuchtsreaktionen.

Besprechung

Frage: Die Wunde heilt eigentlich gut, aber das Kind beißt ständig die Kruste wieder auf, die sie stört; es blutet wieder leicht.

Antwort: ARUM TRIPHYLLUM kann sich wund beißen, zupfen oder kratzen. Er kann nicht aufhören, immer mehr in der Wunde zu bohren. Er spürt ein nagendes Gefühl. ANAGALLIS hat starken Juckreiz unter dem Schorf und kratzt ihn zu früh ab. Auch NUX-V. ist hier eine Möglichkeit.

Anagallis Juckreiz unter Schorf

Wenn er irgend etwas hat, kann er es nicht leiden; unduldsam gegenüber Leiden; es muß gleich wieder weg sein. Der Schnupfen ist nicht besser geworden; die Schnupfensymptomatik spricht auch für NUX-V.; Eifersuchtsreaktionen sind da.

- **NUX-V. LM 30,** 2x täglich.

20.12.1989

Fortsetzung 5

Kein NUX-V. gegeben, da die Wunde auch alleine zuheilte.

Zustand: Zahnung, endlich kam ein Zahn nach einem halben Jahr durch; sehr eifersüchtig, leicht beleidigt, höchst eigenwillig, wirft

sich nach hinten, wenn ihm etwas nicht paßt und stampft mit den Füßen.
Essen/Trinken: Trinkt Essig, Brühe, doch darf kein festes Stück darin sein, Oliven; ißt weiterhin mit Messer und anderen Geräten aus dem Honigtopf.
Schnupfen weiterhin, nur tagsüber fließend und sehr wechselhaft: einseitig, egal welche Seite, mal draußen, mal drinnen, mal grünlich, mal weißlich-eiweißartig. Nachts schnarcht er wieder sehr, da ihm alles in den Rachen geht. Läuft weg, wenn er beleidigt ist; wirft Sachen herum, wenn er wütend ist. Zärtlichkeiten wehrt er zunächst ab, dann nimmt er sie an, aber man darf ihm ja nicht zu nahe kommen. CINA (half vor Wochen)?, TUB-BOV. (zu kurz gegeben)?, STAPH-Wesen (aber Verschlimmerung)?

- Jetzt doch **NUX-V.** geben, wie letztes Mal besprochen.

24.1.1990

Fortsetzung 6

Vor Weihnachten 1989 **NUX-V. C 200** viermal gegeben wegen Schnupfen (Fließschnupfen, nur tagsüber abwechselnde Seiten, erkältet seit drittem Lebensmonat); Stopp wegen sehr wundem Po; Schnupfen gleich, Energie gut, auch trotz der Kälte keinen Husten bekommen, was normalerweise der Fall ist.

11.01.1990

ARN. C 200 viermal gegeben, da die Wunde an Unterlippe mit deutlich sichtbarer Narbe verheilt. (Biß sich Anfang Dez. bei Sturz, wobei akut STAPH. half).

18.01.1990

Belladonna bei hohem Fieber

Hohes Fieber; zunächst nur Halsschmerzen und geschwollene Submaxillardrüsen; wie benommen: **BELL. C 200**: Im Nu kommt Energie zurück; Fieber bleibt aber noch tagelang gegen Abend über 38 °C; mit Schweiß kommt auch der deutliche Fließschnupfen wieder, dann Husten.

21.01.1990

Höchst eigenwillig, wirft sich auf den Boden und strampelt, ist dann auch weinerlich gegen Abend, will Zuneigung, antwortet auf alles nur mit "Nein".

Verlangen: Salami, Nüsse, gekochte Karotten neu, Pudding, Mandarinen und holt sich Ketchup aus dem Kühlschrank:.
● **TUB-BOV. LM 120** 1x tgl. 2 gtt auf halben Becher; zweimal gegeben, da Stimmung zunehmend weinerlich und reizbar; will mehr im Arm gehalten werden, Erkältung eher verschlimmert.

24.01.1990
Fließschnupfen im warmen Zimmer, draußen keine Absonderungen, im Liegen und nachts keine Absonderungen, Absonderung zunächst gelb-grün, lief bis zum Hals hinunter. Jetzt dicker, bleibt auf Oberlippe, weißlich grün, dauert beim Reinkommen ca. eine halbe Stunde, bis es richtig rinnt. Husten nachts häufiger, vor allem auch beim Hinlegen, z. B. zum Windelwechseln, atmet dann wie eine schnurrende Katze. Insgesamt ist er wieder mehr beleidigt (läßt Mundwinkel herunterhängen); mehr eifersüchtig auf seinen Bruder. Er wußte heute zum ersten Mal seit Wochen nicht, wo er bei Zuneigung hinschauen sollte.

Besprechung

TUB-BOV. war angezeigt und hat verschlimmert. In diesem Fall muß **SYPH**. gegeben werden. *Wenn Tub. < Syph. geben*
● **SYPH. LM30**, alle 2 Tage 2 Tropfen

Folgemittel von Tuberculinum

Frage: Ich habe einen ähnlichen Fall. Bei einem TUB-Kind bringt TUB-BOV. nicht das, was man erwarten könnte. Dieses Kind sagt auch, es sei traurig.
Antwort: Es braucht SYPH.; SYPH. ist auch traurig, schwermütig und hoffnungslos.
An **PSORINUM** ist zu denken, wenn durch TUB-BOV. die Besserung nicht mehr weiter vorangeht, es stagniert. An **SYPHILINUM** ist zu denken, wenn TUB-BOV. nur kurz hilft, die Wirkung hält zu kurz an. oder wenn TUB-BOV. und andere tiefgreifende Mittel (besonders Antipsorica) eine Verschlechterung hervorrufen. An **CARCINOMINUM** ist zu denken, wenn TUB-BOV. kaum etwas oder gar nichts bringt. *Psor. Syph. Carc.*
Unter einer Verschlechterung versteht man eine Verschlimmerung der Krankheit, sie schreitet weiter fort. Voraussetzung ist immer, daß TUB-BOV. richtig angezeigt war.

Frage: Ich habe bei **MED.** starke Gefühlsschwankungen beobachtet, die man sonst nur von TUB-BOV. her kennt.
Antwort: Die MED.-Leute sagen, sie leben nur in Extremen, "sie treten dabei auf der Stelle". Dieser eine Satz reicht oft aus, um **MED.** zu verordnen. Man kann das auch auf die Träume übertragen.
MED. tritt buchstäblich auf der Stelle. **TUB-BOV.** dagegen lebt auch in Extremen, aber er schließt kompromißlos Sachen ab und beginnt etwas ganz Neues.
MED. gibt sich wahnsinnige Mühe, um aus dem extremen Zustand herauszukommen. Sobald er aufhört, sich zu bemühen, fällt er wieder zurück.
Wenn man schwere Träume hat und dadurch richtig angestrengt aufwacht, als ob man viel geschafft hätte in der Nacht, so ist das **RHUS-T.**

21. 2. 1990

Fortsetzung 7

26.01.1990
Nach SYPH. Schnupfen fast weg, es geht ihm gut; irgendwie mehr Klarheit, ist lieb, doch vorher haut er zu, dann macht er "Ei, ei ..". Seine Sprache bekommt mehr Wortähnlichkeit. Er redet die ganze Zeit mit vielen Gesten, doch man versteht nichts. Sagt auch mal "Bus", sonst korrigiert seit einem Jahr auf "Bagger".

11.02.1990
Abgesetzt, da wieder Schnupfen; Wetterumschlag auf kalt, Schnee.

15.02.1990
Schnupfen <, wie früher: Fließen im warmen Raum, draußen merklich weniger Fließschnupfen oder keinen; auch nicht im Liegen. Liegen >; Absonderung ist stark wundmachend (linkes Nasenloch), jetzt auch auf die andere Nasenseite sich ausbreitend; ist grünlichgelb, grünlich oder eiweißartig; wenn Sekret, dann in Massen bis zum Hals. Hatte nachts Erbrechen mit Durchfall, den ganzen Po wundmachend; Aufgestoßenes und Flatus riechen nach faulen Eiern.

- **SULF. C 200,** bis 17.02.1990 mehrmals täglich.

19.02.1990
Hatte letzte Tage Riesenszenen (wie vor SYPH.), hat aber viel "Power" und ist sehr witzig, verbunden mit höchstem Eigenwillen (nur "Batzen" beim Essen, will ein scharfes Messer, das er ohne Widerspruch bekommt). Gelber Stuhl, nach Milchgenuß flüssig. Er will die Milch trotzdem und wirft sich rückwärts auf den Boden, weil diese heute morgen nicht pünktlich auf seinem Platz steht. Wacht ab und zu nachts weinend auf und schläft gleich weiter.
Verlangen: Schinken, Nüsse, gekochte Karotten, Erdbeeren, Honigtopf.

Besprechung
Die Schnupfensymptomatik paßt zu MERC. An SYPH. hätte man wegen seiner Wut, verbunden mit der tiefen Verzweiflung, schon eher denken können. SYPH. sollten wir im Auge behalten.
- **MERC. LM30**, 2x täglich 2 gtt.

25.4.1990
Fortsetzung 8
22.2.1990
- **MERC-SOL. C 200,** 1x tgl. drei Gaben; keine Besserung.

28.2.1990
- **NUX-V. C 200,** 2x tgl. 2 gtt, wegen Schnupfen, zwei Tage lang.

Schnupfen viel besser, aber im Geistigen wieder schlechter (Wutausbrüche).

13.3.1990
In den ersten Märztagen Besserung der Wutausbrüche, doch dann ab 8.3. wieder eine Verschlimmerung (schlägt brutal zu, will weh tun, wirft sich nach hinten, abends Rötung der Wangen, manchmal einseitig). Schnupfen wieder schlimmer; Verlangen nach Nüssen.

16.3.1990
- **NUX-V. C200,** vier Tage verdünnt, bringt nichts.

31.3.1990
Schnupfen besser, weiterhin höchst eigenwillig (wirft Gabel mutwillig an den Kopf, macht Szenen, wenn an seinen Sachen etwas verändert wird oder wenn er etwas haben will, wie er sich das

vorstellt; viel Nuckeln, viel "Mama". Verlangen nach Nüssen, Salami, Schinken. TUB-BOV. LM120 1, gtt auf einen Becher alle drei Tage und CALC-C. LM120, 2 gtt auf einen halben Becher tgl. (dies ab 3.4., da das Nuckeln zu diesem Zeitpunkt mehr herauskommt).

8.4.1990
Mittel abgesetzt, da Bruder exanthemisch erkrankt ist; hat Riesenenergie; höchst eigenwillig.

15.4.1990
39° Fieber morgens, noch sehr aktiv, rote Lippen, rote Zungenspitze; Erdbeerzunge, Hals rot (nicht tiefrot), Äderung gut sichtbar auf den Tonsillen; Nase wieder zu ohne Absonderung; dann kalte Hände, voller PULS.
● **BELL. C 200,** alle 2-3 Std.

16.4.1990
Zunächst morgens sehr viel Energie, dann im Laufe des Vormittags über 40°C Fieber; sehr reizbar, ärgerlich, dann um 15 Uhr kommt der Ausschlag voll heraus, wieder aktiv. Verlangen auf viel Milch. Zunge vorne blaßrotes Dreieck; starke Schwellung der Tonsillen, Rötung eher blaß; sehr dickköpfig; weiterhin Bell. mit größeren Abständen.

18.4.1990
Verlangen auf Eier (Ostern), viel Milch. Völlig launenhaftes Verlangen; hat Blähungen, sehr eigensinnig, zupft stark an seiner Wunde im Gesicht.
● **CALC-C. C200** abends zweimal gegeben (Verlangen nach Eiern, Folgemittel von BELL.); nachts schläft er keinen Moment, wirft sich von einer Seite auf die andere. Das fing aber schon eine Nacht vorher an. Die Nase ist zu, die Unterschenkel dauernd in Bewegung und das Verlangen nach Milch den ganzen Tag.
● **RHUS-T. C200** mehrmals in dieser Nacht, wird ruhiger, dann noch in größeren Abständen am folgenden Tag.

21.04.1990
● **CHAM. C200** dreimal gegeben, da sehr reizbar ist, Wutanfälle, wenn was gegen seinen Willen geht; will nur auf den Arm genom-

men werden (vor allem von der Mutter), dann aber wieder nicht. Wirft sich nach hinten, beißt Fingernägel, zupft überall herum (Wunde, Nase). Schokolade. CHAM. zeigt keine Wirkung.

22.04.1990
Jetzt wieder 38° Fieber.
● **LYC. LM90,** 2 gtt zweimal täglich. (sehr eigensinnig, Launenhaftigkeit, schlägt, Eifersucht, geschwollene Submaxillardrüsen, beißt Fingernägel: IGN., LYC., STAPH., Entscheidung für LYC. nach *Farrington*. Kind erwacht reizbar und mürrisch aus dem Schlaf, schlägt sogar oder/und bohrt und zupft an der Nase wie bei ARUM-TRYPH.)

24.04.1990
LYC. abgesetzt, da wieder über 38 °C Fieber und seit diesem Tag kindsfaustgroße Schwellung der Drüse links im Kieferwinkel zum Ohr hin; druckempfindlich, Schwellung ist weich, Schwellung auch rechts, doch nicht so groß; Schwellung der Cervicaldrüsen hat hingegen abgenommen (auch nicht mehr schmerzhaft). Schwellung der Tonsillen weiterhin blaßrot mit Eiterstippchen, Zunge weiß belegt mit Inselrötung um Papillen; Zungenspitze blaßrot; weiterhin verschnupft, Schnarchen im Schlaf; häufige Wutanfälle, wenn es gegen seinen Willen geht; weiß beim Spielen alles besser.
Nach LYC. hat sich das Geistige gebessert; schlägt aber weiterhin, dann aber umarmen; wenn man ihn so sieht, denkt man nicht, daß er Fieber hat. Er besitzt viel Energie; kratzt an der Wunde, beißt Nägel.

Verlangen: nascht den ganzen Tag, holt sich etwas aus dem Kühlschrank heraus und läßt es stehen, vor allem Knabbersachen (Nüsse, Rosinen, Schokolade weniger, dafür saure Bonbons aus Zitrone oder Orange), will Bratwurst, Salami; gekochten Mais, Birne, Erdbeeren. Trinkt viel (den ganzen Tag mit der Flasche), eher kalte Säfte, jetzt weniger Milch, auch weniger als vor der Krankheit.

Besprechung
Wegen der Erdbeerzunge, schlechter Laune, Fieber und geschwollener Tonsillen ist SCARLATINUM einen Versuch wert.
● **SCARLATINUM C1000** eine Doppelgabe.

2.5.1990

Fortsetzung 9

Scarlatinum brint die Wende

Vor einer Woche Scarl. M (Doppelgabe), danach totaler Kraftschub, der sich jetzt in quengeliger Starrsinnigkeit zeigt: z.B. bestimmte Dinge haben wollen, die es nicht gibt oder die sein Bruder hat. Fieber in 2 Tagen auf 37,5 °C gesunken. Weiterhin eine Schwellung im Bereich der Lymphdrüsen des linken Kieferwinkels, die druckempfindlich ist. Tonsillen geschwollen mit roter Äderung. Die Zungenspitze ist blaßrot; die hintere Hälfte sieht aus wie eine Erdbeerzunge und ist weiterhin weißlich-gelb belegt.
Starke Reizbarkeit, vor allem nach dem Mittagsschlaf (15-16 Uhr); Schnupfen verstärkt (Nase nachts verstopft, wacht öfters auf, vor allem beim Einschlafen).
Morgens grünlich-dicke Absonderung, die dann wäßrig, heller und eiweißartig wird. Aber auch nachts Absonderungen, da morgens ganz verschmiert im Gesicht. Heiserkeit oder belegte Stimme vor allem morgens und abends. Der Schnupfen wurde schlimmer, seitdem es warm wurde; dann grün-gelbe Absonderungen; rote Lippen.
Verlangen: Knabbersachen, Nüsse, Schokolade und alles, das in Glitzerfolie eingepackt ist. Sonst weiterhin "patzig" und launenhaft.

Besprechung

Symptome für die Repertorisation:
- Heiserkeit morgens und abends + Absonderungen aus der Nase, gelb-grün: Alum., Caust., Kali-bi., Mang., Phos., Thuj.
- Schwellung Lymphknoten, Kiefer (beide Rubriken): Phos., Thuj.
Obwohl Thuja paßt, denken wir, daß es erst ein Kali-bi.-Zustand ist, weil die Zunge eher dazu paßt. Deshalb geben wir zuerst Kali-bi. und nachher Thuja.

● **Kali-bi. LM 18**, 1x tgl. 2 gtt.

Die weitere Behandlung wurde nicht mehr im Kreis gemacht. Kali-bi., Thuj., Syph. u.a. brachten nach und nach eine gewisse Stabilität. Schwierige Familiensituationen erfordern viel Geduld, wobei die dadurch bedingten immer wiederkehrenden akuten Ausbrüche viel Zeit rauben. Die antimiasmatische Behandlung soll man immer im Auge behalten, und immer wieder, wenn möglich, einsetzen, auch wenn es manchmal nur ganz kurz sein sollte.

Junge, 3 1/2 Jahre

Nasenpolypen

Vor einem Jahr wurden beim HNO-Arzt riesige Nasenpolypen diagnostiziert. Er bekommt durch die Nase schlecht Luft; Erkältungsneigung; kann nicht schneuzen.
Er hat seine eigene Sprache, nur seine Eltern verstehen ihn einigermaßen: zum einen sehr näselnd, zum anderen melodiös, verschluckt die meisten Vokale; er macht seit einem Jahr in dieser Hinsicht keine Fortschritte. Er hat nicht umbedingt spät angefangen mit dem Reden, hat aber von Anfang an diesen unverständlichen Singsang gesprochen. Dabei versteht er alles, was die anderen sagen, und wird ungeduldig und ärgerlich, wenn man nicht versteht, was er sagen will.
Er ist sehr aufgeweckt, motorisch aktiv, lacht viel, hat gerne Gesellschaft, geht auf andere Kinder zu, geht gerne in den Kindergarten - er will sogar gar nicht mehr heim. Er läßt sich viel gefallen, zumindest von seinen Freunden; er schlägt nur selten zurück; verteidigt seine Freunde, beschützt die Kleinen. Er kann sich selber gut beschäftigen; läßt sich gut trösten, schmust sehr gerne. Wenn er sich wehtut, weint er fast nie; vor allem dann nicht, wenn er selber daran schuld ist.
Wenn etwas nicht nach seinem Kopf geht, schreit er auch mal rum, haut die Mutter, weint vor Wut oder wirft Gegenstände.
Er bekommt leicht kalte Hände.

Appetit: Milch, Pfannkuchen, Kakao; wenig "richtiges" Essen, am ehesten noch Nudelgerichte oder Kartoffelauflauf.
Schlaf: braucht Licht in der Nacht; er wacht oft früh auf (zwischen 2.00 - 3.00 Uhr) und wollte bei den Eltern schlafen. Auch jetzt noch zwei- bis dreimal pro Woche.
Bisherige Impfungen: BCG, Diphterie, Tetanus.
Bisherige Mittel: Pulsatilla, Phosphorus, Calcium, Calc-phos

Besprechung

- **Silicea LM120,** 1 x täglich 2 Tropfen.

Das Silicea-Kind spricht seine eigene Sprache und hat auch Angst vor Fremden; flüstert anderen ins Ohr. Silicea ist ein liebevolles

Kind, ist aktiv und aufgeweckt; hat goldene Locken, ein süßes Gesicht; es lächelt immer und ist sehr gutmütig - läßt sich viel gefallen. Man kann ihn aber zu nichts zwingen, sonst reagiert er bockig/ tuberculinisch.

Wenn er müde wird, hört er schlecht. PHOS.-Kinder sind oft eher zurückhaltend und mögen keine Fremden.

Phos.-Kind PHOS. ist langsam, kapiert langsam, braucht Zeit, auch mit anderen Leuten. PHOS. sieht ätherisch aus, durchscheinend, als ob er gar nicht richtig da ist - man könnte durch ihn hindurchsehen. Das CALC-SIL.-Kind ist zufrieden, ist nicht aggressiv; sieht süß aus und lutscht am Daumen; ist fröhlich. *Calc.-Kind*

29.11.1989

Fortsetzung 1

27.11.1989

Nichts Neues; die Sprache ist unverändert; der Schnupfen ist nicht mehr schlimm, aber er schnieft immer noch hoch. Vor neun Tagen gegen Mitternacht Ohrenschmerzen rechts (Zwiebelwickel bessert). Er hängt zur Zeit sehr an der Mutter und will nur noch bei ihr im Bett schlafen (seine Mutter macht zur Zeit einen Fortbildungskurs, so daß er sie teilweise bis zu acht Stunden nicht sieht).

Besprechung

SIL. LM120 wurde vor vier Wochen abgesetzt; weiter abwarten, da oft die Sprachenentwicklung Zeit braucht.

20.12.1989

Fortsetzung 2

Der Junge hat seit mehreren Wochen kein Mittel bekommen, da kein klares Bild sichtbar war. Es hat sich weiterhin nichts verändert, Sprache ist gleich geblieben. Angst in und vor Dunkelheit; geht nicht in dunkle Räume. Wacht nachts auf und schreit lauthals nach seiner Mutter, wenn es dunkel ist; sobald er nur ihre Stimme hört, ist er beruhigt (immer zwischen 0.00 -1.00 Uhr). Wenn er tagsüber schläft, deckt er sich ganz fest zu, sogar Decke über den Kopf. Schwitzt dann sehr am ganzen Körper, vor allem am Kopf und Nacken. Die Haare sind beim Aufwachen ganz naß. Er hängt sehr an seiner Mutter; wenn sie sich morgens nicht mindestens eine Stunde intensiv mit ihm abgibt, will er im Kindergarten nicht ohne sie sein. Er schmust gerne und kuschelt auch mit der Kindergärtnerin. Durst: Nicht besonders viel.

Appetit: Meist sehr wenig; Verlangen nach Nudeln ohne Soße oder Pfannkuchen.

Besprechung

Es ist alles gleich geblieben. Die Angst ist sogar wieder schlimmer geworden. Er spricht auch nicht besser.

- Er soll jetzt **CALC.-SIL.** bekommen.

Er ist ein fröhliches, aufgewecktes Kind, gerne mit Freunden zusammen.

4.7.1990

Fortsetzung 3

Der Junge hat im Oktober des letzten Jahres aufgrund seines Wesens und seiner "eigenen" Sprache, die für "Nichteingeweihte" schwer zu verstehen war, SILICEA bekommen. Nachdem SIL. nichts brachte, wurde im Dez. auf CALC-SIL. gewechselt. Auch CALC-SIL. brachte keine deutliche Besserung (zwischendurch trat ein paarmal Schnupfen auf, wobei CALC-SIL. abgesetzt wurde). Seine näselnde, etwas verwaschene Sprache ist immer noch auffällig. Sehr oft wird der Buchstabe "d" für andere Konsonanten verwendet. Vor allem, wenn er längere Geschichten erzählt, wird die "Zunge noch schwerer"; es klingt, wie wenn jemand beim Einschlafen spricht.

Er atmet viel durch den Mund, von Schneuzen hält er nicht viel, er zieht es lieber hoch. Er ist der Urtyp eines "lieben Jungen"; auch wenn sehr viel Energie in ihm steckt und er es liebt, draußen herumzutollen, ist er doch immer brav. Wenn niemand mit ihm spielen mag (Mutter oder Vater), wird er nicht aufdringlich, sondern geht todtraurig in sein Zimmer und weint dabei leise vor sich hin. Dort spricht er dann alleine. "Er sieht ein", daß seine Mutter ruhen muß.

Seit dem Familienurlaub, in dem das Bett der Eltern zu klein war, als daß er sich hätte dazulegen können, kommt er nur noch selten nachts in das elterliche Bett. Die Angst vor der Dunkelheit ist >. Er ist sehr aufgeweckt, nicht feig, aber vorsichtig; nicht leichtsinnig, "tapfer", wenn er sich verletzt. Da im Elternhaus sehr auf Ordnung geachtet wird, hilft er bereitwillig beim Aufräumen. Er geht gerne hinaus, auf den Spielplatz; Freunde sind ihm sehr wichtig. Wenn die Freunde ihn schlagen oder ärgern, weint er schnell; nicht bei fremden Kindern, da ist es ihm egal. Er haut selbst nur selten zu; meistens wenn es darum geht, seine Freunde zu verteidigen. Er spielt gerne Batman oder mit "Pistolen" (Stöcke oder ähnliches), auch wenn das die Eltern nicht gerne sehen.

Appetit: Pfannkuchen, Pizza, Kartoffeln, Cola (nur ab und zu bekommt er eine); Milch trinkt er gerne, aber nur aus der Flasche.
Durst: Eher wenig.
Fragen: Er wurde als Säugling BCG geimpft. Ist er ein unterdrückter Tuberkuliniker? Oder braucht er THUJA (Nasenpolypen), um die anscheinend bestehende Blockade aufzuheben? (Andererseits hat PULS. zwischendurch bei akuten starken Ohrenschmerzen prompt und gut gewirkt). Ist er also nur konstitutionell blockiert?

Besprechung

Thuja bei Polypen

Der Junge ist ein "unterdrückter" Tuberkuliniker. Die BCG Impfung ist zu berücksichtigen. Es ist eventuell auch an THUJA wegen der Nasenpolypen zu denken. Da TUB. oft besser nach THUJA wirkt, ist es besser, erst THUJA zu geben.

- **THUJA LM 30,** 1x tgl. 2 gtt auf Wasser.

Die Behandlung wurde abgebrochen. Im Nachhinein würde man sagen, er hätte viel länger SILICEA bekommen sollen. Die Mutter hat ohne ersichtlichen Grund das Mittel nach ca. 10 Tagen abgesetzt. Sil. hatte schon seine Wirkung gezeigt. Der chronische Schnupfen war besser. Unbewußt haben wir dem Wunsch, das Heilmittel nicht geben zu wollen, zugestimmt.
Wir haben solche Beobachtungen immer wieder machen können. Das miasmatische Mittel wird nach kürzester Zeit abgesetzt. Es wird dann oft nach Wochen wegen etwas Akutem angerufen. Nachdem das Akute gut überstanden ist, schlagen wir dann das alte Mittel vor und das Konstitutionsmittel wird wieder nicht lange gegeben. Zwischendurch muß man manchmal andere Miasmen angehen, so daß Monate vergehen können.

Silicea bleibt beharrlich bei einer Sache

Zu der Aussage, daß CALC-SIL. auch nichts brachte: Es wurde auch bald abgesetzt, ihm wurde keine Chance gegeben. Es verging über ein halbes Jahr, bevor wieder eine Meldung kam. Dann kann man nicht überprüfen, wie weit die Aussage stimmt. Ein Mittel kann manchmal ganz woanders als man erwartet, wirken, und das Erwartete wird von einem anderen Mittel gebessert. Wir müssen üben, zu erkennen und beharrlich bei einer Entscheidung zu bleiben. SILICEA könnte uns dabei helfen!

Frau M., 74 Jahre
Knieschmerzen links

Frau M. hat stechend-schneidende Schmerzen im linken Knie, die nachts am schlimmsten sind; sie muß immer wieder die Lage wechseln. *Schmerzsymptomatik und Modalitäten*
Starke Verschlimmerung beim Aufstehen (vom Sitzen oder Liegen); sie kann das linke Bein nicht belasten beim Aufstehen; sie kann es nicht anwinkeln, hat keine Kraft im Knie, sie muß sich festhalten; schreit vor Schmerzen.
Sie setzt sich nicht mehr hin; sie ist in keiner Lage mehr schmerzfrei, außer manchmal in der Rückenlage. Es schmerzt jedoch höllisch, wenn sie beginnt, sich zu bewegen. Dieser Schmerz ist am schlimmsten nachts, wenn sie sich bewegt.
Schwellung des Knies, um die Kniescheibe, in der Kniekehle; im Gelenk ein Erguß.

Schmerzen linkes Knie: Verschlimmerung zu Beginn einer Bewegung; es wird nach ihrer Angabe nach ihren Wanderungen im Haus kaum besser, aber sie verspürt doch eine Erleichterung. Beim Belasten hat sie aber Schmerzen, weswegen sie humpelt. Ausstrecken des Beines <; beim Aufstehen < - dabei versagt das Knie, "wie wenn das Knie aussetze".
ziehende Schmerzen: im Knie, Sakralgegend und Oberschenkel seitlich hinten.
Wechselnde Gelenkschwellungen mit Schmerzen und manchmal Hitze (seit Jahren immer wieder ein anderes Gelenk)
Finger dick - verhärtet.
Zur Zeit ist sie eher verzagt; nicht so eigensinnig, ärgerlich und heftig wie sonst. Sie hat keine Kraft; sie ist geschwächt seit einer Bronchitis vor ein paar Wochen (hatte vor 15 Jahren eine doppelseitige Lungenentzündung, die ohne Anitbiotika geheilt wurde). *Gemütssymptome*

Besprechung
Die Schmerzmodalitäten entsprechen eindeutig Rhus-t. Es gibt jedoch eine Reihe von Mitteln, die Verschlimmerung bei der ersten Bewegung haben.

Rhus-tox., Med., Tub. werden in Betracht gezogen

Symptome wie *Lockerungsübungen* und *Strecken* deuten auf MEDORRHINUM hin.

MED. hat auch einen Bezug zum linken Knie. Sie *rennt* immer wieder zu Ärzten, oder sie wechselt ständig die Ärzte: TUB-BOV. Wandernde Beschwerden von Gelenk zu Gelenk hat auch u.a. TUB-BOV.

- **RHUS-T. LM30**, 1 x täglich zwei Tropfen.

Frage: Bei einer Schwellung der linken Brust bei einem 20jährigen Mann. Welches Mittel kommt in erster Linie in Frage?
Antwort: THUJA, da sie unspezifisch und links ist.

linksseitige Schwellung der Brust

Frage: Wenn Kinder wegen eines zu engen Kiefers beim Zahnwechsel SYPH. bekommen, wie ist die Dosierung?
Antwort: Über sehr lange Zeit, z.B. zwei Jahre alle drei Tage SYPH., angefangen mit LM30 bis LM60, dann LM 90 usw.; wenn ein anderes Mittel dazu kommt, dann kann es auch 1x wöchentlich gegeben werden.

Kindermittel Syph. bei zu engem Kiefer

Frage: Welches Mittel kommt in Frage, wenn normal große Zähne zu weit auseinander stehen?
Antwort: THUJA. Es könnte auch durch den Druck mit der Zunge auf den Gaumen entstehen, dann HECLA LAVA und PHOSPHOR (breiter Kiefer). PHOSPHOR ist auch angezeigt bei Akromegalie und Morbus Paget.

Zähne stehen zu weit auseinander: Thuja, Hecla lava, Phosphor bei breitem Kiefer

Frage: Meine Patientin hat mit 19 Jahren noch die Milchzähne.
Antwort: SILICEA ist das wichtigste Mittel dafür, da die Milchzähne jetzt als Fremdkörper zu betrachten sind. Jedoch hat diese Person noch keine Entscheidung gefällt, herauszuwachsen. An SYPH. ist vielleicht auch zu denken.

im Erwachsenenalter noch Milchzähne: Silicea

Frage: Bei einem zehnjährigen Mädchen kommen die 12-Jahres-Molaren schon jetzt.
Antwort: Auch hier muß unbedingt SYPH. eingesetzt werden. Die LM120 wird besser sein als eine niedrigere Potenz, da eine schnelle Wirkung notwendig ist, um diese Entwicklung zu stoppen.

12-Jahres-Molaren kommen zu früh: Syph.

SYPHILLINUM macht hübscher: die Frau eines Gesprächsteilnehmers hat eine Gabe SYPH. C1000 genommen und in fünf Tagen hat sich ihr kindliches Gesicht in ein Frauenantlitz gewandelt. SYPH. bleibt auch zu lange "jung".

Verstärkter Haarwuchs

MED. und THUJA; Damenbart siehe im Repertorium unter *GESICHT*.

verstärkter Haarwuchs: Med., Thuja

Reisekrankheit

SEP. und ARS. kommen oft in Frage.

Reisekrankheit Sep. und Ars.

Augenverletzungen

Augenverletzungen

Verletzung des Auges, Augenblutung, Netzhautablösung: ARN. und PHOS.; jetzt Narbe der Netzhaut nach Laserbestrahlung: CAUST. und SIL. Augenblutung: PHOS. in erster Linie.
Augapfelverletzung: SYMPHYTUM
Augenhöhlenverletzung: RUTA

Waschzwang und Sauberkeitszwang

Gefühl des Verschmutztseins: Syph.

SYPH. muß sich die Hände ständig waschen, weil das Gefühl des Verschmutztseins nicht weggeht. Er muß die Türklinke wischen oder sich die Hände waschen (oder mindestens abwischen), wenn er sie jemandem gereicht hat. Im Extremfall muß er sich mit viel Seife duschen; wenn er aus der Dusche herauskommt und ein Gefühl hat, daß es noch nicht gründlich genug war, dann duscht er nochmal. So kann es sein, daß er mehrmals am Tage duscht oder zwanghaft mehrmals hintereinander. Auch der Raum bzw. das Haus muß abgewischt/gewaschen werden.

nach Vergewaltigung: Staph. + Syph

SYPH. fühlt sich im tiefsten Inneren verschmutzt nach Kontakt - z.B. nach dem Geschlechtsverkehr fühlt er sich unrein, dreckig. Nach Vergewaltigung sind STAPH. und SYPH. zwei wichtige Mittel.

Händewaschzwang: Phos. Psor. Med.

PHOSPHOR muß sich die Hände waschen, weil sie so heiß sind.
PSORINUM und MEDORRHINUM müssen auch die Hände waschen. Bei MED. ist es zwanghafte Nervosität, aber nicht aus dem Gefühl des Dreckigseins, sondern es nicht richtig gemacht zu haben.

verträgt Schleimiges nicht: Ars. Problem mit Dreckigem: Nux.

Frage: Wenn jemand die Käseschmiere und den Schleim eines Neugeborenen nicht aushalten kann?
Antwort: Es wurde ARS. in der Gruppe erwähnt, was zu überprüfen ist. ARS. soll allgemein Schleimiges nicht vertragen, jedoch ist NUX-V. das Mittel in erster Linie. NUX-V. hat Probleme mit dreckigen Sachen, Stuhlgang; besonders wenn es stark riecht. Es wird ihm übel.

Hält ständig Klo sauber aus Angst vor Krankheiten

Frage: Wer hält ständig das Klo sauber aus Angst vor Krankheiten?
Antwort: ARSEN; SYPHILLINUM badet in Desinfektionsmitteln.

Angst vor Krebs

Krebsangst

Antwort: PSORINUM und CARCINOSINUM in erster Linie.

Clara, 3 1/2 Jahre

Ohne Mutter kein Kindergarten

Seit einer Woche soll Clara in den Kindergarten. Solange die Mutter dabei war, war alles ganz wunderbar. Nachdem sie aber merkte, daß die Mutter nach dem ersten Tag nicht mehr die ganze Zeit dabei war, wollte sie nicht mehr hingehen. Sie wurde aber doch wieder hingebracht, wollte aber nicht von der Mutter weg und klammerte sich an sie. Beim Abholen am zweiten Tag "knurrte" sie die Mutter an, "bellte" und wollte vor ihr durch das Fenster in den Kindergarten fliehen. Sie schlug auch etwas auf die Mutter ein. Die Mutter wehrte ab, und Clara wollte sie nicht richtig anschauen.
Seitdem ist sie still und reserviert beim Abholen. Erst beim Verlassen des Kindergartens (muß an der Hand geführt werden oder will getragen werden) und auf dem Nachhauseweg ist sie besser gelaunt und erzählt sogar begeistert, was sie alles gemacht hat (vor allem Singen und Malen gefällt ihr).
Einmal, als sie erfuhr, daß sie in den Kindergarten gehen müsse, kam es sogar zum Würgen und Erbrechen.

Mutter läßt Kind allein im Kindergarten

Kind klammert sich an die Mutter

reagiert mit Krankheit, weil sie in den Kindergarten muß

Der 14 Monate jüngeren Schwester nimmt sie immer alles weg, das war schon immer so. Sie möchte die Mutter ganz für sich alleine haben ("Nächstes Jahr, wenn Nathalie in den Kindergarten geht, darf ich zu Hause bleiben, ja?"). Sie schlug früher oft die Schwester, vor allem in unbemerkten Augenblicken. Jetzt ist es nicht mehr so ausgeprägt. Wenn sie etwas verboten bekommt, macht sie es trotzdem - aber in einer abgewandelten Form, sodaß die Mutter es eigentlich akzeptieren muß. Sie triumphiert dann und schreit: "Jetzt habe ich es doch gemacht."
Aussehen: sehr zierlich, für ihr Alter normal groß, eher untergewichtig; sehr helle Haut; sehr redegewandt, intelligent und raffiniert. Sie versteht es, ihre Schwester mit Argumenten auszutricksen.
Appetit: Suppen, Fruchtjoghurt, Gurken, Milchflasche morgens und abends

möchte Mutter ganz für sich alleine haben

Habitus

Vor etwa acht Monaten bekam sie Calc-ars. eine Woche lang. Daraufhin war sie nicht mehr so aggressiv zu ihrer Schwester.

Besprechung

Die Mittel TUB-BOV., CALC. und STAPH. kommen in Frage.

Reagiert mit Krankheit, wenn sie etwas nicht durchsetzen kann: TUB-BOV.

Tub: Verlangen nach Gurken und Karotten

Wegen des Verlangens nach Gurken wurde an ANT-C. gedacht.

Beobachtung: **TUB-BOV. hat ein starkes Verlangen nach Gurken und auch Karotten** - beides steht nicht im *Kent*.

- **TUB-BOV. XM** als einmalige Gabe.

LM-Potenzen können in diesem Fall wegen der Abwehr des Vater gegen Homöopathie nicht gegeben werden.

Auch CALC-ARS. hat eine ausgeprägte Angst, etwas alleine zu machen und zu kurz zu kommen. CALC-ARS. hat die Angst und will das Gewollte trotzdem haben. TUB-BOV. kennt die Angst selten und nimmt die Sachen brutal weg.

8.11.1989

Fortsetzung 1

reagiert immer noch sehr leicht hysterisch

will ihre Wünsche durchsetzen

Sie geht jetzt ohne große Probleme in den Kindergarten; beim Abholen ist sie immer noch sauer auf die Mutter und streckt ihr die Zunge heraus. Sie reagiert immer noch sehr leicht hysterisch; wenn nicht gleich auf ihre Wünsche reagiert wird, dann schimpft sie, schreit laut und gellend, erzeugt mit ihrer Stimme einen ganz hohen Ton, stampft mit den Füßen und legt sich rücklings auf den Boden (z. B. wenn die Mutter sie nicht gleich abtrocknet, wenn die Finger naßgeworden sind). So überreizt ist sie, wenn sie keinen Nachmittagsschlaf hatte. Wenn die Mutter sie geschimpft hat, schimpft sie oft in ihrem Zimmer teilweise in genau demselben Wortlaut auf eines ihrer Spielzeugtiere ein oder einfach vor sich hin. Ihr Appetit hat eher nachgelassen; sie trinkt morgens keinen Kakao mehr und ißt gar nichts; erst im Kindergarten ißt sie einen Fruchtjoghurt; am liebsten ißt sie Schokolade und Süßes; ab und zu auch ein Käsebrot. Sie mag auch keine Suppen mehr; sie trinkt Mineralwasser oder kalten Früchtetee.

Sie ist sehr gut zu haben, wenn sie irgendwo zu Besuch sind oder irgend etwas unternehmen (Radtour).

Hochpotenzen lange wirken lassen

Besprechung

TUB-BOV. weiter wirken lassen; nach einer deutlichen Wirkung einer XM-Potenz etwa drei Monate wirken lassen.

15.11.1989

Fortsetzung 2

Clara hat Polypen in der Nase. Sie sind durch die vorherige homöopathische Behandlung laut des Befundes des HNO-Arztes kleiner geworden; hatte Durchfall und Erbrechen; danach trat ein trokkener Reizhusten auf. Weiter abwarten.

7.2.1990

Fortsetzung 3

Zusammenfassung: Clara hat vor etwa drei Monaten TUB-BOV. XM bekommen. Sie geht jetzt ohne Probleme in den Kindergarten, will allerdings vorher mit der Mutter und ihrer kleinen Schwester schmusen. Insgesamt hat sich nach Aussage der Mutter das Verhalten kaum geändert, so daß es immer noch sehr oft zu Reibereien zwischen Mutter und Kind kommt. Das Mädchen versteht es sehr gut, die Mutter zu reizen, bis diese wütend wird und ihr auch mal ein paar Schläge auf den Hintern gibt.

Beispiele: Sie stellt ständig Fragen. Wenn sie gerade schlecht gelaunt ist, muß die Mutter auf die Fragen eine bestimmte Antwort, die sie sich vorher schon ausgedacht hat, finden. Ist die Antwort ihrer Meinung nach nicht richtig, stellt sie die Frage immer unwirscher, so lange, bis sie ihrer Meinung nach richtig ist. Oder wenn sie etwas haben will, spricht sie es nicht aus, sondern die Mutter muß es erraten. Nur wenn die Mutter es errät, ist sie zufrieden, denkt sich aber sofort etwas Neues aus, bis die Mutter es irgendwann als Schikane empfindet und sie anschreit. Sie weint dann und muß getröstet werden.

Wenn sie von der Mutter geschimpft wurde und danach wieder so sehr weint, daß sich die Mutter veranlaßt fühlt, sie zu trösten (schlechtes Gewissen), sagt sie: "Du bist eine liebe Mama". Sagte früher oft "Du bist eine blöde Mama", als ihr das verboten wurde, wandelte sie das ab in "Du bist eine Blöde"; als ihr auch das verboten wird, sagt sie "Darf ich blöde Clara sagen?"

schikaniert und hänselt die Mutter

"Du bist eine blöde Mama"

Seit einiger Zeit hat sie einen Sammeltick, sammelt alles, was ihr einfällt (z. B. Kleidung, insbesondere Unterhosen, Süßigkeiten, Spielzeug); es darf dann nicht mehr aus dem Regal genommen werden. Starker fauliger Mundgeruch morgens und abends (18 Uhr). Verschwindet, wenn sie Schokolade ißt. Ist sehr schnell beleidigt, wenn

harter Stuhl (Schafskot)

die Mutter sie auf etwas anspricht, das sie nicht machen will. Wenn man zu ihr sagt "Bist du wieder beleidigt?", wird sie zornig. Seit einiger Zeit harter Stuhl, der ihr aber anscheinend keine Beschwerden macht. Sieht aus wie Hasen- oder Schafskot (sehr dunkel). Ihrer Schwester nimmt sie immer noch alles weg, vor allem natürlich, wenn es ihr gehört, dann mit großem Geschrei.

macht in die Hose, obwohl sie schon seit langem trocken ist

Wichtig ist vor allem, daß sie seit einer Woche im Kindergarten, aber vor allem daheim, einnäßt, obwohl sie schon seit langem trokken ist. Dies geschieht vor allem, wenn sie sehr gut gelaunt und fröhlich ist oder wenn mit ihr geschimpft wurde. Anfangs hat sie sogar absichtlich in die Hose gemacht, z. B. kurz nachdem die Mutter sie aufs Klo gesetzt hatte, wo sie angeblich nicht konnte. Die Mutter versucht jetzt aus Angst, mit ihr zu streng gewesen zu sein, nicht mehr zu schimpfen. Bemerkenswert ist auf jeden Fall, mit welchem Geschick und mit welcher Raffinesse sie es versteht, ihre Mutter zu ärgern und zu schikanieren und vor allem auch die Ängste der Mutter (z. B. eine schlechte Mutter zu sein, bei der Erziehung zu versagen) hochzubringen. In letzter Zeit neigt sie dazu, ineindergeschachtelte Quadrate zu malen.

Appetit und Durst

Ihr Appetit ist nicht besonders groß; sie mag gerne Schokolade, Blumenkohl, Fruchtquark, Brot mit Käse, Kuchen und andere Kohlarten. Ißt so gut wie kein Fleisch (wenn, dann etwas Hähnchen oder Pute).
Durst: Will Cola, bekommt sie aber meist nicht; Kaba.

Besprechung

Causticum hänselt gerne

TUB. ist natürlich ein Grundmittel für sie. Aber die Art und Weise, wie sie die Mutter hänselt paßt zu **CAUSTICUM**. Durch die Strenge und Schläge am Po ist sie vorsichtiger geworden. TUB. wäre noch böser geworden.

14.2.1990

Fortsetzung 4

Kind hat sich total verändert durch Caust.

Nach Aussage der Mutter hat CAUST. wie ein Blitz eingeschlagen. Hat in der zweiten Nacht nach Mittelgabe und gestern wieder eingenäßt. Schon am Tag nach Mittelgabe hat sie ohne großes Gezeter wieder Mittagsschlaf gehalten. Allerdings geht sie sehr ungern auf die Toilette, fast noch widerspenstiger als vorher, besonders wenn sie nicht gut gelaunt ist. Die Mutter findet, daß sie sich total verändert hat, ein Zeichen dafür ist auch, daß sie jetzt nicht mehr einfarbig und mit feinen Strichen Kästchen malt, sondern ganz bunt und flächig über das ganze Blatt. Sie sagt "Du bist eine liebe Mama", und die Mutter hat das Gefühl, daß sie das ernst meint.

"Du bist eine liebe Mama"

Die Beziehung Mutter-Kind ist deutlich harmonischer, die Mutter fühlt sich so, als ob sie auch ein Mittel bekommen hätte. So hatte sie seit drei Monaten starken Haarausfall, der jetzt spontan zum Stillstand kam.

Haarausfall der Mutter gestoppt

Besprechung Fortsetzung 4

Ein Teilnehmer bemerkt: Hier sieht man ganz deutlich, wie "ätzend" CAUST. sein kann. Das CAUST.-Kind hat die Mutter sehr ausgezehrt.
Abwarten.

Anna, dreieinhalb Jahre
Konstitutionelle Behandlung

Ist beleidigt wegen Kleinigkeiten schreit schlägt die Mutter

Die Mutter stört es am meisten, daß Anna wegen der geringsten Kleinigkeit beleidigt und sehr nachtragend ist. Anna sagt: "Ich will das sofort - wenn ich das sage!" Wenn sie es dann nicht bekommt, beginnt sie zu schreien, schimpft, schlägt und beißt ihre Mutter. Dies ist besonders schlimm, seit sie in den Kindergarten geht.

Begleitsymptome und Modalitäten

Sie kaut und leckt an einer Stelle unter der Unterlippe, die schon ganz rot ist. Seit dem Keuchhusten hat sie draußen an der frischen Luft einen bellenden, hohlen Husten, der durch Anstrengung verschlimmert wird. Die Scheide ist oft wund und rot. Sie hat oft Bauchschmerzen im Oberbauch, das durch Wärme und Druck (Handauflegen) gebessert wird. Sie hat kleine rote Pickel im Gesicht, besonders am Kinn und am Unterkiefer.
Sie geht abends erst zwischen 23 und 24 Uhr ins Bett, obwohl sie oft schon früher müde ist. Sie hat ab und zu Mundgeruch, der wie Fisch riecht.

Essen und Trinken

Sie lebt praktisch von warmer Milch - mit und ohne Kaba - in der Nuckelflasche. Sonst ißt sie gerne Käse (Brie) und Wurst; Brot ißt sie nur dazu, wenn sie muß. Sie mag kein Obst und auch kein Gemüse. Fleisch ißt sie schon.

Besprechung
Ihr Verhalten und die Eßgewohnheiten passen zu TUB-BOV.

- **TUB-BOV. LM120,** alle 4 Tage.

Unterscheidung Cham.+ Stram.

CHAM. lacht und schlägt im nächsten Augenblick zu.
Bei STRAM. kommt eine Art Bösartigkeit dazu. Es hat Angst und macht es trotzdem. Je größer die Angst, um so heftiger wird es.

8.11.1989
Fortsetzung 1
Anna geht es großartig. TUB-BOV. wird weitergegeben, da es ihr gut tut.

15.11.1989

Fortsetzung 2

Tub-bov. bekommt ihr gut. Geistig ist sie wie verwandelt ("herzallerliebst"); körperlich hat sich wenig getan. Letzte Gabe vor einer Woche. Vor drei Tagen abends bekommt sie plötzlich Fieber, das sich in der Nacht bis auf fast 40 °C steigert. Die Wangen und Ohren sind leuchtend rot und heiß. Die Zunge ist grau belegt (eher hinten) und glatt (feucht). Tags zuvor war sie lange an einem See spazieren (feucht-kalt).

herzallerliebstes Wesen durch Tub.

Am nächsten Tag verstärkte sich ihr chronischer Husten (hohl, bellend, schlimmer durch frische Luft und Anstrengung). Der Husten reizt sie zum Würgen; dabei tun ihr die Bronchien weh, so daß sie selbst im Schlaf beim Husten die Hand auf die Brust (oben) legt. Wenn das Fieber steigt, ist ihr kalt und sie verlangt nach einer Wärmflasche, die sie aber nach einer Weile wieder aus dem Bett wirft, weil es ihr zu heiß wird.

Die Mutter sagt, daß sie seitdem sehr wehleidig ist, aber genau weiß, was sie will und was nicht. Sie kann nicht alleinsein. Wenn sie wieder gesund ist, möchte sie mit allen Freunden in den Zoo gehen. Sie mag nichts essen und trinkt nur Wasser mit Fruchtsaft.

Besprechung

Mit Tub-bov. LM120 verschwanden alle psychischen Symptome.
Die körperlichen Symptome sind nicht besser geworden.
Sie hatte früher Keuchhusten.
Am 12. November nachts hohes Fieber und Husten mit Brechreiz.
Therapie: alle Symptome passen zu Tub-bov. Ein altes Symptom - Husten - kommt verstärkt zurück, geistig geht es ihr besser. Der Husten ist als Nachreaktion zu bewerten.
Also - abwarten bis nach Weihnachten !

Abwarten bei Nachreaktion - dazu ein Bespiel

Ein Kind bekam Puls. CM eine Gabe, wonach der akute Husten zwar besser wurde, aber nicht verschwand. Nach einer Gabe Tub-bov. CM trat erst kurz eine Besserung ein, aber etwa eine Woche später verstärkte sich der Husten für fünf Tage bei gutem allgemeinen Befinden. Es wurde mehrere Wochen abgewartet, bis neue Symptome erschienen. Der Husten war nach ca. zehn Tagen gänz-

bei Nachreaktionen abwarten

lich weg. Das Allgemeinbefinden blieb gut. Das Kind drängte auch nicht nach einem Mittel.

Placebo-Gaben bei Ungeduld der Patienten

Wenn die Eltern bei der Behandlung ihres Kindes sehr drängen, aber ein Mittel nicht angezeigt ist, so ist ein **Placebo** zu geben. Besonders dann abwarten, wenn beim Patienten nach einem Mittel der Husten wiederkehrt und er schon einmal Keuchhusten oder eine schwere Grippe hatte.
Bei Fieber mit Husten einfach fasten bzw. Diät halten.
Soll das Allgemeinbefinden nicht beeinträchtigt werden und das Akute auch immer schlimmer werden, muß der Husten doch behandelt werden.

Herr L., 24 Jahre

Innerliches Zittern und religiöser Wahn

Vor zwei Wochen hatte Herr L. einen Drehschwindel mit wäßrigen Durchfällen. Letzten Freitag vormittag (10 Uhr) hat es ihn am Tisch plötzlich am ganzen Körper geschüttelt, ohne daß er Fieber hatte. Er nahm ein Medikament ein, und nach zehn Minuten war es wieder vorbei.

Schwindel
Durchfall
plötzliches Zittern

An seiner Arbeitsstelle ist er zunächst gut zurechtgekommen; dann ist es "auf einmal wieder ausgebrochen": er ist zunächst nervös und unruhig geworden, hat aber dafür keinen Grund gefunden, zumal das Arbeitstempo fünfmal langsamer ist als bei seiner früheren Arbeitsstelle (Akkordarbeit). Etwa zwei Wochen später bekam er diese Unruhe auch im Bauch. Er hat von 6.30 Uhr bis 9 Uhr normal gearbeitet und mußte dann vier- bis fünfmal auf die Toilette gehen, weil er einen Stuhldrang verspürte. Der Stuhl war normal. Daß er bei Aufregungen immer wieder auf die Toilette muß und Stuhlgang hat, kennt er schon von früher. Das fing während seiner Lehrzeit an. Dann hatte er eine Zeit lang weniger oder keine Durchfälle gehabt, aber die Unruhe nahm zu; er konnte sich schlecht konzentrieren. Er bekam Angst, wieder die starken Konzentrationsstörungen wie damals bei seiner Akkordarbeit zu bekommen.

Vorgeschichte

Er war als Kind schon immer körperlich schwach und viel krank gewesen. Er hatte wenige Freunde. Er war immer mehr für sich und still gewesen; konnte sich nie gegen Angriffe wehren, wollte es aber auch nicht. Häufige Arztbesuche, die nicht näher geschildert wurden.
Als Lehrling war er recht ängstlich und aufgeregt und bekam dieses "innerliche Zittern". Mit 18 Jahren hatte er den Eindruck, daß er sich irgendwie verändert. Er fing an, viel über das Leben nachzudenken. Allmählich wurde ihm alles klar.

Während der Akkordarbeit ist ihm häufig schlecht geworden, fast bis zum Erbrechen. Er glaubte, daß das mit der Arbeitsweise zu-

Übelkeit am Arbeitsplatz

sammenhing. Er hatte den festen Willen zu arbeiten, auch weil ihm der Meister oder seine Kollegen sagten, er soll sich zusammenreißen und nur wollen. "Aber meine Seele und alles hat dagegen gesteuert". Mit dem Meister hat er öfters gestritten, weil er ihn nicht auf die Toilette gehen ließ. Er konnte plötzlich nicht mehr am Fließband arbeiten und verspürte Übelkeit. Er war innerlich angespannt und knapp vor dem Zuschlagen; obwohl er betont, daß er sonst kein aggressiver Mensch sei. Er fühlte sich auch wie gelähmt; er konnte sich nicht mehr bewegen, bzw. die Arbeit nicht mehr verrichten, obwohl er die Finger noch bewegen konnte. Seine Seele "habe zu ihm gesprochen" oder "habe ihn nicht arbeiten lassen". Das ist ihm zweimal passiert. Er hat dann gekündigt. In der Zwischenzeit verdiente er sich sein Geld für eine Woche bei der Müllabfuhr, dort verspürte er auch ein innerliches Zittern. Seine Seele sperrte sich auch gegen diese Tätigkeit.

fühlt sich wie gelähmt

die Seele läßt ihn nicht arbeiten

Bei seiner jetzigen Arbeitsstelle ist dann alles wieder losgegangen. Einen Beruf bei einer Firma kann er sich nicht weiter vorstellen, da die Seele dagegen steuert.

hat viele Pläne

Er will sich weiterbilden, Englisch lernen und sich auf mehreren Gebieten, die er zur Auswahl hat, selbständig machen, z. B. im Computerwesen. Er kaufte sich einen Computer, mit dem er sich zu Hause stundenlang beschäftigt. Zur Zeit will er aber Sänger werden und ins Showbusiness gehen, später will er dann Erfinder werden. Es ist ihm immer wieder passiert, daß er sich Verbesserungen von Autos und Motoren ausdachte (er hat schon so vieles erfunden), was andere dann nochmals entdeckt hätten. Er hörte dann hinterher immer im Radio davon oder las es in der Zeitung, daß die anderen das Patent darauf bekamen. Er meint, daß diese unabhängig von ihm darauf kamen und seine Ideen nicht gestohlen haben. Er selbst hat nicht das Geld, um ein Patent anzumelden.

ehrgeizig, will was aus seinem Leben machen

Er ist sehr ehrgeizig und will aus seinem Leben etwas machen. Er weiß, daß er für etwas bestimmt sei. "Die katholische Religion ist ein Götzenglauben." - Er hat da seine eigenen Vorstellungen: Er wisse vom Herrgott selber, daß er auf dem richtigen Weg sei. Er betete, und Gott half ihm; das merkte er daran, daß dieses oder jenes gelungen war, wenn er gebetet hatte. Wenn er auf dem richtigen Weg war, dann ist das, worum er gebetet hatte, eingetroffen.

Wenn er auf dem falschen Weg war, ist es schief gelaufen. Er merkte es nicht am Körper oder im Kopf, sondern an Zeichen. Solche Zeichen waren z. B., daß er mit seinen Erfindungen rechtbehalten habe oder daß ihm bei zwei Unfällen nichts passiert ist. Jetzt ist er durch Konzentration schon recht weit gekommen und kann das Zittern und Zucken in seinem Körper beherrschen. Konzentriert er sich auf seinen Arm, dann bekommt der Arm immer mehr Kraft und kann dann ganz schwere Dinge heben. Er macht jetzt auch noch Bodybuilding, es tut ihm körperlich und seelisch sehr gut. Er hat in letzter Zeit ganz tolle Erfindungen gemacht, über die er nichts sagen dürfte, weil sonst der Dritte Weltkrieg ausbrechen würde. "Die Ölscheichs und die Araber sind hinter all diesen Dingen her". An solchen Erfindungen kann er konzentriert und stundenlang arbeiten. Diese Kräfte und Fähigkeiten hat er nach und nach erworben. "Nach eineinhalb Jahren habe ich alles vom Leben gewußt und mich seitdem nicht mehr belogen. Das Leben ist Gott, Gott ist die Liebe. Diese drei Sachen sind eins."

weiß, daß er für etwas bestimmt ist

tolle Erfindungen

religiöse Gedanken: Lyc.

- **Lyc. LM120,** 2 x 5 Tropfen

23.10.1989
Innerlich ruhiger, sonst aber nervöser. Er kann sich nicht ruhig halten. Die "Angespanntheit" von der Arbeit ist weg. Die Kniegelenke spannen, knirschen und knacken beim Treppensteigen, man kann es direkt hören.
Er macht jetzt Werbung für bestimmte Automarken für Händler in einer Zeitung. Er hätte aber lieber die Anzeige in eine größere Zeitung gesetzt, da nur fünfzehn Zuschriften. Die Autos hatte er aus Fachbüchern. Der Computer erstellt die Werbung. Er machte auch schon für Abmagerungsdiäten Werbung, aber das lief nicht so gut.

wenig Veränderung

schmiedet Pläne

Besprechung
Er macht im Grunde nichts und schmiedet nur Pläne; macht Schulden. Seine ganzen Reden sind vage und unklar. Er fängt viel an, führt aber nichts zu Ende. Im Vordergrund steht der religiöse Wahn. In Wirklichkeit kann er weder mit dem Computer umgehen, noch hat er die Basis für einen Englischkurs.

Sulfur

- **Sulfur**

Im Unterschied zu Lyc. kommt bei Sulf. die Persönlichkeit nicht so stark heraus. Lyc. läßt niemanden gelten, der auch Erfindungen gemacht hat. Herr L. sieht grau und unscheinbar aus. Er ist ganz das Gegenteil der starken Persönlichkeit von LYC. LYC. hat nicht so viele Pläne auf einmal. SULF. spricht selten über sich und seine Probleme; das heißt aber nicht, daß er nicht sehr weise über alles reden kann.

Differentialdiagnose

Lyc., Tub. und Sulf. begegnen einem besonderen Menschen

Begegnung mit besonderen Menschen

Wenn **LYC**. einen berühmten Menschen trifft, schildert er die Begegnung so, als wäre es ein Geschenk für den berühmten Menschen, ihn (LYC.) getroffen zu haben.

TUB-BOV. schildert die gleiche Begegnung als das Non-Plus-Ultra-Erlebnis; es übertrifft alles bisher Dagewesene. TUB-BOV., der ewige Sucher, hat seinen ... gefunden.

SULF. stellt den anderen als etwas Besonderes hin und badet sich in dessen Glanz.

einmalige Gabe einer Hochpotenz bei offenen, sensiblen Menschen

Frage: In welcher Potenz soll SULF. gegeben werden?
Antwort: In so einem Fall wird eine einmalige Gabe in einer Hochpotenz ausreichen.

Frage: Warum reicht bei ihm eine einmalige Gabe?
Antwort: Herr L. hat eigentlich keinen großen Widerstand, er ist relativ offen und dadurch sensibel für das Mittel.

Herr S., 37 Jahre
Fehlendes Durchsetzungsvermögen, Juckreiz

Herr S. schildert, daß er kein Durchsetzungsvermögen habe und sich in Situationen, die ihn belasten, schnell zurückziehe. So sei er z.B. Mitglied einer Bürgerwehr und müsse dort immer wieder einen Säbel halten, wobei die rechte Hand, die den Säbel halte, plötzlich anfange zu zittern. Das sei nur bei der rechten Hand so. Auch schon als 15-jähriger habe er das beobachten können, wenn er in Gesellschaft ein Glas in der Hand hatte, sei das Zittern aufgetreten, oder auch jetzt im Geschäft (er ist KFZ-Mechaniker), wenn er telefonieren müsse.

Zittern in belastenden Situationen

Wenn ihm jemand bei der Arbeit über die Schulter sähe, bekäme er schwere Füße, wie kurz vor dem Kniezittern und ein Zittern in Armen und Händen. Das Zittern trete auch nach dem Tragen von schweren Gegenständen auf. Wenn er dann ein Glas Wein trinke, sei es weg.

Er schildert, daß seine Mutter sehr ruhig und häuslich sei und alles in sich aufnehme, ohne es auszudrücken. Der Vater spiele eine sehr dominante Rolle in der Familie. Er habe sich als Kind nicht getraut, zu seinem Vater "du" zu sagen. Er sei ruhig aufgewachsen, durfte nie fort. Der Wechsel von der Schule in den Beruf sei die Hölle für ihn gewesen. Wenn jemand schimpfte, erlebte er das als sehr belastend. Er unterhalte sich gerne mit Kunden und wolle auch in Gesellschaft sein, doch habe er immer die Angst, etwas falsch zu machen. Er spüre dann einen starken Pulsschlag. Er vertrage keine ungerechte Behandlung, spüre Nervosität und fühle sich körperlich erschöpft. Seit vier Jahren mache er Autogenes Training, doch das hat bisher nicht viel Erleichterung gebracht. Er nehme auch an einer Therapiegruppe teil, in der viel gestritten würde - das sei ihm zuviel. In solchen Situation bekomme er Herzklopfen und friere.

traut sich nicht den Vater zu duzen

Angst, etwas falsch zu machen

Streit verursacht Herzklopfen

Er selbst könne auch streiten, doch fühle er sich danach sehr erregt. Er sagt, daß es ihn auch viel Überwindung gekostet habe, zu mir zu kommen.

nervös bei Wettbewerb

Eine Wettbewerbssituation sei schlimm für ihn. Er sei dann sehr nervös und zittrig. So sei es auch in der Schule gewesen, wenn er an die Tafel mußte. Er habe auch Angst, in einer fremden Umgebung zu sein. Er sei z.B. im Flughafen und wisse nicht so recht wohin; er spüre Unsicherheit, und es falle ihm dann schwer, auf jemanden zuzugehen und um eine Antwort zu fragen. Streß könne er nicht ertragen; er versuche auszuweichen. Ruhe bessere.

Angst in fremder Umgebung

Wut, geht auf andere los

Er könne auch eine Wut bekommen und auf andere losgehen, was ihm eine innere Zufriedenheit verschaffe. Anschließend zittern die Hände und Arme. Es sei nach fünf bis zehn Minuten wieder weg. Es sei schlimm für ihn, in eine fremde Gruppe zu kommen. Es sei immer das Gefühl da, bestraft zu werden. Er vertrage es nicht, wenn er bloßgestellt werde, er könne sich dann nicht wehren, und die Wut sitze tief. Er wolle zu allen Leuten freundlich sein und wolle, daß es die anderen auch seien. Wenn ein Bekannter dabei sei, falle es ihm nicht so schwer, in Gesellschaft zu sein.

verträgt es nicht, bloßgestellt zu werden

hilft anderen

Wenn ein anderer Hilfe brauche, könne er gut helfen. Sich selbst könne er nicht helfen, obwohl es um dieselbe Sache geht.
In Streßsituationen könne er sich nichts merken, z.B. am Telefon im Geschäft. Er sei in letzter Zeit vergeßlich, vor allem vergesse er aktuelle Sachen. Sein Personengedächtnis sei sehr schlecht; das hänge alles mit dem Streß zusammen.
Es falle ihm schwer, sich mitzuteilen.

Körperliche Symptome

Gefühllosigkeit im Ringfinger und im kleinen Finger, wenn es draußen kühler wird. Die Finger sind auch kalt. Ziehende Schmerzen von den Fingern bis zum Ellbogen. Stechender Schmerz in den Fingergelenken mit Bluterguß, an beiden Händen blau, kann sich auf die ganzen Finger ausdehnen; das hängt mit der Kälte zusammen; Druck bessert den Schmerz. Auslöser: wenn er mit den Händen hantiert. Ansonsten ist ihm Kälte lieber als Wärme, er kann sich eiskalt abduschen. Während der Arbeit schwitzt er sehr, vor allem am Rükken, Juckreiz am Rücken.

Juckreiz am Penis nach Coitus trotz Waschen. Er behandelt den Juckreiz mit einer Zinkcreme, die den Juckreiz bessert. Klarer klebriger Ausfluß unter der Vorhaut seit dem 20. Lebensjahr. Juckreiz in den Beugefalten zwischen Bauch und Oberschenkel. Der Juckreiz ist so wie am Rücken, aber am Rücken nicht so schlimm. Der

Penis wird schnell wund beim Coitus, die Eichel ist sehr empfindlich. Die Wundheit am Penis wird auch durch enge Hosen ausgelöst.
Er schwitzt am ganzen Körper sehr viel, im Winter ist es besser und ebenso besser durch kaltes Duschen. Auch der Juckreiz ist im Winter besser.
Ab und zu hat er Ohrensausen und Schwindel und meint, einen niedrigen Blutdruck zu haben. Er treibt viel Sport (Radfahren, Bergwandern). Der Schlaf ist gut, kann sich gut entspannen und abschalten.
Kropf-OP 1984, nimmt 1x tgl. L-Tyroxin® 50.

Essen

Er ißt gerne Pommes Frites und Fleisch, bekommt aber Blähungen davon. Außerhalb zu essen ist schlimm; ißt gerne Süßes und verträgt es auch. Scharfe Gewürze verträgt er nicht, bekommt Bläschen auf der Zunge und den Lippen. Mag gerne Milch, Butter, Käse. Früher hatte er oft Magenkrämpfe und hat dann weniger fett gegessen.

Trinken

Er trinkt kein Bier mehr, weil er davon nachts nicht schlafen kann; trinkt gerne herbe Rotweine und kann davon einen Liter trinken; trinkt auch gerne Mineralwasser und Fruchtsäfte. Kaffee verschlimmert die Nervosität, Alkohol bessert.

- **Nat-mur. LM60,** 1x tgl. 3 Tropfen

21.10.1989

Natrium muriaticum

Er hat Nat-mur. die ganze Zeit über genommen, außerdem die Zinkcreme, obwohl ich ihm sagte, er solle sie weglassen. Die Aufregung und Nervosität ist etwas besser. Es dauert jetzt länger, bis er nervös wird. Ansonsten ist alles wie vorher.

Angst vor Prüfung

Er hat in nächster Zeit mehrere Prüfungen und hat Angst, daß er so nervös ist, daß er nicht schreiben kann. Er hat auch Angst, daß jemand seine Angst erkennt und die anderen sehen, wie er sich blamiert.

Besprechung

Arsen traut sich nicht zu duzen

Frage: Was in diesem Fall ist wichtig?
Antwort: Das Zittern bei jeder Gelegenheit, wenn er etwas leisten muß: Arsen.

Lyc. duzt jeden

Er kann den Vater nur mit "Sie" ansprechen. Lyc. möchte am liebsten jeden duzen. Ars. ist unsicher und weiß nicht, wie er sich ent-

sprechend verhalten soll. Bei ARS. ist Autogenens Training etc. schwer durchzuführen. Wenn man sagt "Sei ruhig!", wird seine Unruhe noch schlimmer.
Seine Neigung zum Alkohol spricht auch für ARS.

- **ARS-ALB. LM60,** 1 x täglich 3 Tropfen

Arsen-Ängste

Angst vor Blamage, bloßgestellt zu werden.
Angst zu versagen und versagt auch; übernervös bei Prüfungen.
ARS. ist voller Schadenfreude.
ARS. hat Angst vor den Folgen seiner Handlungen; er muß seine Unzufriedenheit äußern. Er kann aus Angst auch unbeherrscht und aggressiv werden. Arsen hat Angst, Fehler zu machen. Angst vor der Polizei; er will seine besten Freunde nicht mehr sehen aus Angst, diese würden ihn wegen seines Fehlers bei der Polizei anschwärzen.
ARS. wird wütend, wenn ihm widersprochen wird; er wird auch ärgerlich und wütend, wenn er ungerecht behandelt wird. Er gibt sich viel Mühe, alles richtig zu machen - denn dann kann man ihn nicht ungerecht behandeln.

7.2.1990

Fortsetzung 1

Beschwerden am Penis sind gut, alles ist gut, wenn er ihn zweimal täglich wäscht. Wenn er es nicht macht, dann fängt es wieder an zu jucken. Er hat ARS-ALB. LM 60 bis vor kurzem genommen. Jetzt ist die Flasche leer. Er arbeitet zur Zeit auch an der Kundenannahme, was für ihn sehr belastend ist, und es ärgert ihn, wenn er kritisiert wird. Wenn er unter zeitlichen Druck kommt, wird er nervös, dann vibriert der ganze Körper. Das Zittern der Arme, Hände und Füße ist noch da: Das kommt durch die Nervosität. wenn die Unruhe kommt, verspannen sich die Muskeln; Ruhighalten bessert. Wenn er nervös ist, dann hilft Ruhighalten auch. Wenn er eine Pause macht, dann geht es ihm besser.

wird unter Zeitdruck nervös

Es hängt viel Verantwortung an der Arbeit. Wenn es so weitergeht, dann ist er in ein paar Jahren fertig. Die Arbeit gefällt ihm nur zu 20%. Der Chef hat mit seiner autoritären Art die Lust an der Arbeit kaputt gemacht. Sobald Zeitdruck da ist, ist es schlimm. In der freien Natur zu arbeiten, würde ihm besser gefallen (Landwirtschaft oder Gartenbau). Früher wollte er davon nichts wissen. Er fühlt sich im Geschäft ausgenutzt, wird nicht für voll genommen. Die finanzielle Belastung mit dem Haus hindert ihn daran, den Beruf zu wechseln. Die Gewohnheit macht ihm einen Berufswechsel auch schwer. Manchmal ist alles so aussichtslos, er findet keinen Ausweg, ist verzweifelt.

fühlt sich bei Arbeit ausgenutzt, wenig Lust zu arbeiten

Er ist sehr empfindlich, wenn der Chef ihn ärgert. Das Verhältnis zwischen ihnen ist schlecht. Er wird wie ein Lehrling behandelt. Seinen Kollegen geht es auch so, aber die gehen dann einfach weg. Der Zeitdruck ist am schlimmsten. Wenn die Zeit nicht eingehalten wird, mault der Chef, er spürt dann Wut und Haß, kann es aber nicht rauslassen und fühlt sich ohnmächtig. Der Chef ist wie ein Eisklotz, er hat eine festgefahrene Meinung, und davon ist er nicht abzubringen. Er kann die Ungerechtigkeit nicht verstehen, daß ein Mensch so sein kann. Der Chef hat nur das Geld im Kopf. Bei der Kundenannahme hat er Angst und Hemmungen, weil er den Kunden fragen muß, ob er bar bezahlt; der Chef will es so. Der Kunde denkt dann bestimmt, daß er meine, er könne nicht bezahlen. Er traut sich nicht, den Kunden so etwas zu fragen.

Gewohnheit erschwert Berufswechsel

versteht Ungerechtigkeit nicht

Sein Meister ist jetzt auch weg, von dem hatte er Unterstützung, und jetzt steht er alleine da, hat einfach kein Selbstvertrauen. Wenn er freundliche Kunden hat, dann fühlt er sich wohl. Er erwartet, daß man zueinander freundlich ist, er kann Unfreundlichkeit nicht ertragen, da wird er nervös. Er bekommt dann ein Gefühl, wie wenn sich alles zusammenziehe, alles verkrampfe; Brustbeklemmung, starker Puls, Zittern. Auch während einer Prüfung wurde er so nervös, daß er nicht schreiben konnte, und auch die Konzentration ließ nach. Kaffee verschlimmert, Zeit für sich haben bessert. Er hat viel Verantwortung im Beruf, hat Angst, daß er einen Fehler machen könnte, der verheerende Folgen hätte - z. B. die Radschrauben nicht festziehen.

kann Unfreundlichkeit nicht ertragen

Angst vor Fehlern

Oft müde und lustlos. Abends nach der Arbeit ist es am schlimmsten. Eine Stunde später ist alles weg, dann kann er noch 30 km radfahren, wenn sich der psychische Druck gelöst hat.

Körperliche Symptome

Er wurde sehr streng erzogen, war verpflichtet, alles richtig zu machen. Das Hauptproblem ist das mangelnde Selbstvertrauen. Sein Wunschbild: selbstbewußt, jeder Situation gewachsen, redegewandt, ruhiger, weniger nervös.

Hauptproblem: mangelndes Selbstvertrauen

Er hat Angst, daß jemand sehen könnte, daß er nervös ist. Er ist gerne in Gesellschaft, nur wenn er etwas mit der Hand machen soll, dann wird er nervös und fängt zu zittern an. Zu Hause ist es auch so, nur da kommt er nicht auf den Gedanken, daß er ausgelacht wird. Er hat Angst zu versagen. Die Angst vor Prüfungen kommt während der Prüfung; wenn er erschrickt, bekommt er einen Adrenalinausstoß, und dann zieht es in den Arm.

Angst zu versagen

Angst ausgelacht zu werden

Seit er Arsen nimmt, hat er an drei Kilo an Gewicht zugenommen, er muß aufpassen mit dem Essen.

Besprechung

Der Behandler meint, Herr S. habe einen verzweifelteren Eindruck gemacht als beim ersten Mal.

Das kann aber dadurch bedingt sein, daß es ihm wieder schlechter geht.

Calcium

Entweder die Potenz war zu niedrig, oder er braucht ein anderes Mittel, bevor man Ars. erhöht. Es sind viele Calc.-Symptome da. Also zuerst Calc. geben. Er hat Arsen auch zu lange genommen (dreieinhalb Monate); später kommt sicher Ars. wieder in Frage.

- **Calc. LM 120**, 1x täglich

Herr St., 25 Jahre

Erkältung

Herr St. aus der Gruppe hat eine Erkältung.
Er leidet sehr, wenn er krank ist (er tut einem auch leid). Seine Augen bitten um Hilfe, eine Art Verzweiflung ist da. Er verträgt bei Erkältung die Hitze im Raum und das warme Wetter nicht. Zusätzlich kommt die geistige Beanspruchung in der Gruppenarbeit dazu, er verspannt sich noch mehr.
Eindeutig Nux-v., und wie die Erfahrung zeigt, wird mit Nux-v. nicht nur eine Besserung der Erkältung eintreten, sondern auch die jetzige geistige Arbeit nicht mehr beeinträchtigt.
Nach Einnahme von Nux-v. trat eine baldige Besserung ein, so daß er geistig ungehindert in der Gruppenbesprechung mitwirken konnte.

Herr E., 60 Jahre

Venenentzündung und schlecht heilende OP-Wunde

Vorgeschichte

schlecht heilende OP-Narbe

Venenthrombose Arnica

Herr E. unterzog sich im Krieg wegen eines tuberkulösen Prozesses einer Hüftgelenksoperation. Dabei wurde das Gelenk mit einem Knochenstück aus seinem Schienbein verstärkt. Seither ist das Hüftgelenk steif, die Operationsnarbe bricht immer wieder auf und heilt schlecht. An dieser Stelle hat sich eine Venenentzündung entwickelt. Die Stelle schmerzt nicht, ist aber gerötet. Herr E. nahm

- **ARNICA C30,** 2x 4 Globuli, drei Tage lang, worauf sich die Stelle blauer verfärbte.

ARNICA weiter innerlich und äußerlich Hamamelissalbe.

wichtige Thrombosemittel

Anmerkungen zur Thrombose

VIP. und LACH. sind wichtig. Im Repertorium steht nur ARS. Auch RHUS-tox. müßte überprüft werden. Thrombose der unteren Glieder: APIS

Rubrik *THROMBOSE* im Synthetischen Repertorium:

ACET-AN., ARS., APIS, BOTH., CALC-ARS., CARB-VEG., CORTICO, KALI-MUR., KREOS., LACH., NAT-S., SEC., VIP.

15.11.1989

Fortsetzung 1

Schmerzen in der Leiste als Folge vom schweren Heben

Die Venenentzündung ist mit ARNICA und Hamamelissalbe besser geworden. Auch die Gelenkbeschwerden sind durch Arnica besser geworden. Herr E. kann jetzt besser gehen. Gestern hat er etwas Schweres getragen; dadurch ist sein alter Bruch (seit zehn Jahren) aktiviert worden. Die linke Leiste ist empfindlich auf Druck.

- **RHUS-TOX. C200,** 2x tgl.

6.12.1989

Fortsetzung 2

Tennisellbogen

Die Venenentzündung hat sich gegeben, und der Patient ist zufrieden. Jetzt hat er, nachdem er die Küche gestrichen hatte, einen Tennisellbogen bekommen. Mit LED. wurde es etwas besser; nach einer schmerzstillenden Spritze war alles weg. Jetzt hat er wieder Schmerzen. Nach RUTA C200 drei Gaben alle 12 Stunden (vor drei Tagen) wurde es besser, nach dem Absetzen wurde es wieder schlimmer.

Besprechung

Wenn er mit der Hand etwas festhält, hat er lähmende, ziehende Schmerzen. Er fühlt sich kraftlos, auch im Arm; Tragen verschlimmert; Das Symptom *tragen* < hat CHAM. und *lähmende, ziehende Schmerzen* hat auch CHAM.; bei *krampfartig ziehenden Schmerzen* wäre es RHUS-TOX. *Chamomilla*

- **CHAM. C200,** 2x 4 Tropfen

Einen Tag später kam er mit einer Erfolgsmeldung: **CHAM. hat den Schmerz vollständig aufgelöst** (Beobachtung vier Wochen später: Die Schmerzen sind nicht wiedergekommen).

14.2.1989

Fortsetzung 3

9.12.1989

Badeurlaub Gran Canaria 14 Tage: Seit einem halben Jahr pfennig-große Kruste am linken Unterschenkel (Blutblase darunter); verschwand vollständig durch das Meerwasser.

6.01.1990

Sehr schmerzhafter Ausschlag; zwei große rote Stellen mit Bläschenbildung an der linken Bauchseite/Lendenrückseite hinten; breiten sich aus.

- **SULF. C200**, keine Besserung.

8.01.1990

- **HEP-SULF. M,** ein Globulus, Schmerzen besser.

10.01.1990

Aufgrund der Schmerzempfindlichkeit HEP-SULF. M ein Globulus, keine Schmerzen mehr, Ausschlag geht langsam zurück.

13.01.1989

Erkältung der Bronchien, heftiger Husten nachts.

- **HEP-SULF. C 200,** drei Globuli 3x tgl.; anfänglich besser, aber dann sehr schlimm.

17.1.1990

- **SEP. C 200,** 2-3 Globuli in Wasserglas, alle zwei Stunden einen Eßlöffel; SEP. wurde gegeben, da er von dem heftigen Husten nachts aufgeweckt wurde, mußte sich aufsetzen, und die Linderung kam, wenn sich der Schleim löste; nach drei Tagen abgesetzt; Husten viel besser, Auswurf gelöst.

24.1.1990

Nachbehandlung:

- **TUB-BOV. C200** 1x tgl. eine Woche; alles wieder in Ordnung.

10.02.89

jetziger Zustand

Linker Unterschenkel (OP-Narbe) stärker gerötet als sonst; Rötung nimmt im Laufe des Tages zu; auch Krampfadern; die Haut ist trocken und empfindlich bei Berührung durch Kleidung und Schienbeinschutz (leichtes Brennen und Jucken). Auch die Kopfhaut, Haut um Augen, Nase und Hühneraugen links sind trocken. Neben OP-Narbe jetzt weitere rote Stellen, vermutlich Ekzem; untere Teil der Narbe Krustenbildung mit ständigem Abschälen der Haut, Narbenhaut dünn wie Pergamentpapier und sehr stoßempfindlich, geringste stärkere Berührung verursacht Verletzung der Haut, die sehr schlecht und langsam wieder abheilt. Am linken Handgelenk unter Uhrenband Juckreiz, ebenso manchmal unter dem Bauchnabel.

Am rechten Auge, besonders nachts, leichte ziehende Schmerzen, manchmal starkes Brennen in beiden Augen, auch abwechselnd. Seit einiger Zeit verstärktes Ohrensausen, besonders links (1973, 1980 Morbus Menier links festgestellt und allopathisch behandelt, 1944 Scharlach); neu (Ohrenschmerz): häufig ziehender Schmerz links.

Atemnot beim Treppensteigen, beim Treppen abwärts Gehen Schwäche und Kraftlosigkeit im rechten Kniegelenk, Schmerz an Außenseite des Gelenks, Kniekehle und die Wade runterwärts; muß sich am Geländer abstützen. Morgens beim Aufstehen rauhe Stimme, auch bei längerem Sprechen. Beide Knöchel und Unterschenkel im Laufe des Tages angeschwollen, nachts wieder normal, links stärker als rechts.

Gedächtnis läßt nach, vergißt jetzt viel (Namen, Daten usw.). Manchmal Schwierigkeiten, sich richtig auszudrücken. Beide Hände morgens kalt, linke Hand etwas kälter. Kleine Warzen am Hals.

Fragen:

1. Nat-m. D12 zur Herzunterstützung weiternehmen (seit 23.11.89)? – JA
2. Soll er die Hamamelissalbe weiternehmen? – JA
3. Hat seit zehn Tagen Schafwollbettdecken in Benützung. Kann das ein Zusammenhang zu den Hautproblemen sein (Allergie)? Antwort: Schafwolldecken können Allergien verstärken bzw. auslösen. Es kann durch den Hitzestau erfolgen. Die wirkliche Erklärung dafür liegt womöglich in der stärkeren Ausdünstung, verursacht durch die Schafwolldecke (ähnlich bei Schaffellen). Diese Ausdünstung wird von der Decke, Matratze, Schaffell usw. aufgenommen und die Allergiebereitschaft dadurch begünstigt.
4. Tennisellbogen, Schmerzen sind momentan wieder da. Soll er Cham.D12 oder C30 nehmen? – JA, C30.
5. Wo findet man Allergien im *Kent*? Antwort: Überall verstreut. Die Unverträglichkeiten gegen bestimmte Dinge sind ja Allergien. Hahnemann nannte es Idiosyncrasie.

Besprechung

Repertorisation:

1. *Rötliche Farbe Unterschenkel*
2. *Haut rot allgemein*
3. *Ekzem*
4. *Verhärtung wie Pergament*
5. *Ziehende Schmerzen Augen*
6. *Ziehende Schmerzen Augen nachts*
7. *Brennende Schmerzen Augen*
8. *Ohrensausen*
9. *Atemnot beim Treppensteigen*
10. *Knöchelschwellung*
11. *Gedächtnisschwäche, Namen*
12. *Gedächtnisschwäche, sich schwer ausdrücken*
13. *Hände kalt*
14. *Allgemein, Krampfadern*
15. *Ohrenschmerzen, im Gehörgang*

16. *Haut trocken*
17. *Hühnerauge*

Lycopodium aufgrund Repertorisation

LYC. geht bei allen durch. Es sind viele Symptome sehr allgemein, die lokalen Symptome stellen auch kein abgeschlossenes Bild dar. Es wäre einen Versuch wert mit LYC.

- **LYC. LM 30,** 1x täglich 2 gtt auf Wasser.

Frage: Kann es eine Reaktion auf die eine Woche TUB-BOV. sein?
Antwort: Nein, die Sache war abgeschlossen, und es entstehen keine Spätverschlimmerungen, sondern es entstand ein neuer Zustand, bestehend aus neuen und alten Symptomen.

Folgen von unterdrückter Pneumonie

Frage: Ich habe beobachtet, daß nach unterdrückten Lungenerkrankungen die Krankheit auf die Venen schlägt.
Antwort: Das ist keine Unterdrückung, egal, welches Mittel genommen wird, auch "allopathisch". Wenn es von der Lunge nach außen geht, ist es eine Heilreaktion, außer wenn die Lunge in einen schlechten Zustand hineingedrängt wird. Dies wird in der Regel durch schädliche Chemie der Fall sein. Dann sind die Venen mit betroffen.

Heilreaktion

Frage: Wenn jemand eine Hauterkrankung hat und diese unterdrückt wird und auf die Lunge geht; danach kehrt die Krankheit durch die Behandlung wieder zurück auf die Haut. Ist das eine Verschiebung?
Antwort: Nein, sondern eine Heilreaktion, wobei das alte Hautproblem wieder erscheint.

Frage: Wie lange soll man mit der Weiterbehandlung warten?
Antwort: Wenn jemand z. B. fünf Jahre lang Hautausschlag hatte, der mit "größter Mühe" unterdrückt wurde, dann müssen wir in diesem Fall, wenn die Hautsymptome zurückgekehrt sind, bis zu fünf Monaten warten. Dabei gelten die allgemeinen Regeln der Reaktionen beim Erscheinen von alten Symptomen.

21.2.1990

Fortsetzung 4

Lycopodium bessert den Zustand nicht

LYC. brachte keine Besserung; am 19.2.1990 abgesetzt, weil es schlimmer wurde.
Der Fuß ist jetzt röter geworden. Die Geschwulst und die Rötung

gehen nachts zurück. Im Laufe des Tages wird es schlimmer. Nach dem Duschen ist die Rötung schlimmer, und es juckt auch nach kaltem Duschen. Es ist eine chronische Entzündung mit Stauung (Wasser) im Fuß. Er hat große Ängste mit den Füßen. Seine Beweglichkeit ist bedroht. "Wenn es weitergeht, was passiert dann?" Er muß mit dem Fuß wahnsinnig aufpassen. Irgendwie muß er es in den Griff bekommen. Seit drei Wochen ist das Ekzem, oder was es ist, akut geworden. Seine Stimme zittert, als er darüber erzählt.

verborgene Angst

Besprechung

Die CAUST.-Angst ist nicht direkt zu spüren, sie ist verborgen. Nur wenn man ihn darüber erzählen läßt kommt sie ans Licht. Die Angst, was passieren könnte, läßt ihn immer vorsichtiger werden. Der Satz "Ich muß mit dem Fuß wahnsinnig aufpassen" ist eine Art von CAUST., es auszudrücken.

- **CAUST. LM 6,** 1x täglich 2 gtt

28.2.1990

Fortsetzung 5

CAUST. hat sehr schnell eine Besserung gebracht. Die Entzündung ging zurück. Die Haut und das Allgemeinbefinden sind gut. Die Haut schuppt jetzt sehr.

Causticum heilt Entzündung

23.5.1990

Fortsetzung 6

Zu Ostern bekam Herr E. im Jugoslawienurlaub einen Fließschnupfen; mit SEPIA hatte sich der Schnupfen zwar gebessert, allgemein fühlte er sich aber schwach. Er schwitzte nachts und war morgens nicht frisch. Daraufhin nahm er CALC., und das Schwitzen ging weg.

Schwäche nach einer Erkältung

Jetziger Zustand: Wenn er morgens aufwacht, ist er vollkommen fertig; er hat immer wieder tagsüber einen Blutdrang zum Kopf, das Gesicht wird rot. Wenn er Wein trinkt, wird sein Gesicht sofort heiß. Er hat auch nachts ein Zischen/Rauschen im Ohr; hat einen drahtigen Puls. Zwischen 3-4 Uhr wacht er auf, und dann spürt er die Auswirkungen des hohen Blutdrucks.

Blutandrang zum Kopf

Er hat eine Landkartenzunge. Nachts trocknen die Augen aus, Sandgefühl in den Augen. Morgens, wenn er unter der kalten Dusche steht, geht es ihm besser. Die Venen sind erweitert; Cuperose.

Cuperose

Besprechung

Carb-v. Aufgrund des Rotwerdens des Kopfes und der Besenreißer wird Carb-v. gewählt.

- **Carb-v. C 30** 1x täglich.

20.6.1990

Fortsetzung 7

Die Schwäche ist vergangen, psychisch geht es ihm besser. Der Hautausschlag ist besser, d.h. die Haut ist glatter geworden. Die Herzsymptomatik ist nicht besser geworden; Blutdruck 185/115. Er war letzte Woche im Schwarzwald und ist dort gestürzt; er prellte sich ganz stark das Knie und die Rippen. Arn. hat dem Knie geholfen, aber den Rippen nicht. Er nahm auch eine Gabe Ruta C 200, aber es brachte nichts. Er nimmt es wieder seit gestern. Konnte kaum husten, Atem <. Heute geht es ihm besser.

Sturz Prellung Arnica, Ruta

Besprechung

- **Ruta C200** weiter nehmen.

27.6.1990

Fortsetzung 8

Er hatte eine Rippenfellentzündung und nahm Ruta C 200; er sollte es weiternehmen und setzte es nach zwei Tagen ab, weil es ihm nicht guttat. Er nahm dann Arn. C 200 (weil es ihm immer guttat). Seitdem nimmt er Arn. C 200, 3x tgl. Es geht ihm jetzt mit seinen Gelenken viel besser.

Rippenfellentzündung: Arnica

Der Cholesterinspiegel ist durch Carb-v. von 296 auf 206 gesunken. Der Blutdruck ist jetzt 150/90, vorher 175/115.
Der schuppige Hautausschlag ist kleiner geworden.

Besprechung

Erstmal bei Arnica bleiben. Wenn der Hautausschlag aufreißt oder bricht, kann man mit Calendula-Salbe behandeln oder prophylaktisch ab und zu Calendula daraufgeben.

Anmerkungen zum Thema "Wundheilung"

Spannung bei der Wundheilung: Calendula

Wenn eine Spannung bei der Wundheilung entsteht und die Wunde bricht oder die Gefahr besteht, daß sie bricht, ist Calendula innerlich C 200 und äußerlich als Salbe wichtig. Man kann auch Calendula-

Blüten verreiben und auftragen oder Urtinktur, mit Öl vermischt, verwenden.
Bei einer aufgerissenen Lippe (durch z. B. Operationen) kann Calendula angezeigt sein. Es muß unterschieden werden zwischen dem Calendula-Zustand und Staph.-Zustand. Bei Operationsverletzungen kann man auch an Staph. denken.
Bei Nervenschmerzen, die erst später auftreten, kommt eher Hypericum in Frage.

Operationsverletzung: Cal., Staph.

Nervenschmerzen: Hypericum

Verletzung im Mund in Folge eines ausgeschlagenen Zahnes weisen auf Arnica. Die lockeren Zähne wachsen dann wieder an.

Unfall mit Zähnen: Arnica

11.7.1990
Fortsetzung 9
Der Hautausschlag wurde durch Caust. deutlich besser. Es hat sich aber eine neue Stelle gebildet. Zwischenzeitlich nahm er Carb-v. und Arn. (wegen Prellung). An einer alten Narbe hat er auch einen Hautausschlag. Er nahm selbständig Sil., wodurch sich sein Glucksen in den Ohren besserte.

Hautausschlag deutlich besser mit Caust.

Besprechung
Wir meinen, daß Caust. immer noch angezeigt ist. Vorerst soll der Patient jedoch Sil. erst einmal weiternehmen und beobachten. Er nahm bisher von Sil. nur zwei Gaben und setzte es von sich aus ab. Wenn Sil. sehr viele Schwierigkeiten macht, dann soll er wieder zurück zu Caust. gehen.

26.9.1990
Fortsetzung 10
Herr E. hat zwischenzeitlich Mez. genommen; damit gingen die Verkrustungen ganz stark zurück; jedoch ist die Haut noch erheblich entzündet. Rechts ist die Unterschenkelhaut rot, links blaurot. Der Juckreiz ist deutlich vorhanden, wenn er kratzt, d.h. jetzt unverändert. Er nahm Carbo-veg. als Herzmittel, dann Cocc. Er hat jetzt wieder Hypertonie. Wenn er nach München zum Malen fährt oder etwas vorhat, dann spürt er die Blutdruckerhöhung (200/110). Er wird schlapp, als wenn die Energie abfließen würde. Kaffeetrinken baut ihn wieder etwas auf. Im Gesicht wird er rot und fühlt eine Hitze. Wenn es ihm ganz schlecht geht, dann nimmt er ein Blutdruckmittel. Er hat das Bedürfnis sich hinzulegen, das >.

Er hat Verlangen nach frischer Luft. Essen (Apfel oder Brot) >. Allopathische Blutdruckmittel verträgt er schlecht. Nachmittags tritt die Schlappheit eher auf. Morgens geht es ihm gut. Wetterwechsel <, vor allem, wenn es warm wird.

Besprechung
Repertorisation:
Die allgemeinen Symptome *Kaffee* > und *nachmittags* > werden ausscheidend zusammengefaßt: Acon., Brom., Coloc., Glon., Hyos., Ign., Mag-c., Nux-v.
Vergleichend:
- *Wetterwechsel, allgemein*: Acon., Mag-c., Nux-v.
- *Wetterwechsel von kalt auf warm*: Brom., Nux-v.
- *Wetterwechsel auf warmen Südwind*:
- *frische Luft* >: Acon., Hyos., Mag-c., Nux-v.
- **Essen** >: Ign., Mag-c., Nux-v.

Nach der Repertorisation kommen Mag-c. und Nux-v. durch. Aufgrund seines Wesens (viele Sorgen zu Hause) wird Mag-c. verordnet. Auch der rote Ausschlag am Bein paßt zu Mag-c.;
- **Mag-c. LM 6,** 1x tgl. 2 Tropfen auf Wasser.

17.10.1990
Fortsetzung 11
Er hat Mag-c. vor acht Tagen abgesetzt. Danach hat der Juckreiz abgenommen. Der Blutdruck ist etwas gestiegen, da er die Herzmittel absetzte. RR 183/110. Die Krustenbildung veränderte sich; sie ist nicht mehr so dick, sondern mehr feinschuppig. Müdigkeit und Schwäche sind in den letzten acht Tagen stärker geworden.

Besprechung
Es ging ihm allgemein gut, aber die Haut verschlechterte sich. Nach dem Absetzen besserte sich die Haut, das bedeutet: Die Potenz war zu niedrig. Er braucht das Mittel weiter, aber in einer höheren Potenz.
- Eine Gabe **Mag-c. C 1000.**

24.10.1990
Fortsetzung 12
Mag-c.C 1000 besserte das Allgemeinbefinden, aber die Haut wurde nicht besser.

Haut: Der Ausschlag veränderte sich. Die starken Krusten sind mit Mez. besser geworden. Die Haut ist jetzt trocken und schält sich. Es sondern sich kleine, runde Schuppen ab, die er entfernt. Wenn er sie nicht wegnimmt, wird die Schuppung stärker. Er empfindet es befreiend, wenn er sie entfernt. Er hat das Gefühl, als ob ein Panzer um den Unterschenkel wäre. Der Hautausschlag hat sich auf den ganzen Unterschenkel ausgeweitet, rechts besonders stark. Der Unterschenkel schwillt morgens und bei längerer Belastung an. Auch am Knie und Oberschenkel sind vereinzelte Herde zu sehen. Der Juckreiz wurde stärker und schmerzhafter. Momentan hat er sich beruhigt. Durch Anstoßen schmerzt die betroffene Haut, als ob er sich kratzt. Nach dem Kratzen tut es noch kurzzeitig etwas weh. Er kann fast nicht aufhören zu kratzen, es wird immer schlimmer. Er hat das Verlangen, weiter zu kratzen, weil es guttut, aber gleichzeitig hat er Schmerzen. Bettwärme, Wärme und Kälte haben keinen Einfluß; Wasser <; die Haut wird sofort dunkelrot; kaltes Wasser verschlimmert noch mehr.

Sonstiges: Am Hals hat er kleinere Warzen. Beim Hinlegen bekommt er Atemnot. Auch hat er ab und zu Kreuzschmerzen.
Nachts wacht er auf, weil der rechte und besonders der linke kleine Finger und Ringfinger gefühllos sind. Das passiert auch, wenn er morgens aufwacht. Es ist ein gelegentliches Symptom, das jetzt wieder da ist.

Besprechung
Als wir einmal von Mag-c. wegkamen und der Hautausschlag besser wurde, ging es ihm jedoch allgemein schlechter. Das bedeutet, daß der Patient jetzt vielleicht zwei Mittel braucht. Einmal Mag-c. und ein neues Mittel. Wenn wir ein anderes Mittel geben, müssen wir sehen, ob das Allgemeinbefinden verschlimmert wird. Wenn nicht, dann braucht er nicht unbedingt Mag-c.;

Repertorisation:
Im Vordergrund steht der Hautausschlag:
- *Hautausschlag < durch Wasser*
- *Kratzen <*
- *wollüstiger Juckreiz*

Dulc. kommt gut durch; bei Sulf. fehlen einige Modalitäten. Dulc. paßt besser.

- **Dulc. LM 6,** 1x tgl. 2 gtt auf Wasser.

Wenn das Allgemeinbefinden wieder schlechter wird, dann wird gleichzeitig Mag-c. LM 6 und Dulc. verordnet.

Frage: Wie haben sich **D-Potenzen bei Hautausschlägen** bewährt?

Hauterkrankungen mit hohen Potenzen behandeln

Antwort: Bei Hauterkrankungen muß nach der Urerkrankung geforscht werden. Tiefsitzende Erkrankungen sind an die Oberfläche gekommen. D. h. die Erkrankung ist in ihrem Ursprung da. Die Erfahrung zeigte, daß eine niedrige Potenz nicht so gut wirkt und sogar verschlimmern kann. Die höheren Potenzen bringen selten eine Verschlimmerung, wenn sie passen. Wenn eine Hochpotenz paßt und der Hautausschlag voll da ist, dann wird die Haut sofort besser. Es kommt nicht zu einer Verschlimmerung. Der Gedankengang, daß der Patient durch eine Verschlimmerung gehen muß, ist sehr verbreitet. Es wird damit argumentiert, daß der Hautausschlag erst richtig herausmuß.

Es ist die Frage, was muß heraus? Entweder muß der Zustand durch eine Verschlimmerung noch provoziert werden, oder die Symptome sind schon voll vorhanden. Wenn das Mittel stimmt, muß die Haut vom Ursprung aus gleich besser werden. Somit werden Hauterkrankungen oft mit hohen Potenzen behandelt. Bei einem beginnenden Hautausschlag kann durch ein Hochpotenz alles herauskommen. Das ist gefährlich, weil man nicht weiß, was in dem Menschen alles steckt. Entweder man wartet in diesem Fall ab, oder man gibt eine nicht zu hohe Potenz. Bei einem chronischen Hautausschlag verschlimmert ein falsch gewähltes Mittel oft nicht so stark. Bei einem beginnenden Ausschlag ein falsches Mittel oder das richtige Mittel zu hoch zu verschrieben, kann sehr verschlimmern. Es ist ein gutes Zeichen, wenn es geistig gut geht und die körperlichen Beschwerden langsam besser werden, d. h. der Patient wird stabiler.

14.11.1990

Fortsetzung 13

Er nahm Arg-n., und es tat ihm allgemein gut. Bei langem Stehen schwillt sein Fuß an. Dulcamara brachte nicht viel. Wir müssen später weitere Anhaltspunkte suchen.

Besprechung

Für die Venen soll er Puls. oder Carb-v. nehmen.

Fortsetzung 14
Seit 2 Wochen verwendet der Patient eine Propolissalbe an seinem Ausschlag. Sie bewirkt, daß die Entzündung nicht mehr so akut ist. Die Rötung ging zurück. Nachts bilden sich neue Schuppen. Tagsüber, wenn er Gummistrümpfe trägt, bilden sich fast keine Schuppen. Der Ausschlag begann, als er sich eine Mohairdecke kaufte. Frage: Handelt es sich um eine Unterdrückung?

5.12.1990
Besprechung
Hahnemann hat uns schon darauf aufmerksam gemacht, daß Schafwolle Hautausschläge hervorrufen kann. Irgendwann soll er SULF. nehmen, wenn das Knie wieder stabiler geworden ist. Außerdem wirkt SULF. gut auf das Herz.

Hautausschlag durch Schafwolle

- **SULF. LM 30**

23.1.1991
Fortsetzung 15
Der Patient nahm seit Dezember 1990 SULF. LM30. Der Zustand der Haut hat sich nicht verändert. Der Juckreiz ist abends und beim Kratzen ganz stark vorhanden. Der Juckreiz wurde mal heftiger und mal schwächer. Seit drei Wochen hat er sein Federbett gewechselt (vorher Schafwolldecke) wegen der Allergie. Es fiel dem Patienten auf, daß er schneller (mühsamer) atmet. Er hat manchmal ein Engegefühl am Herzen, wenn er im Bett liegt. Der Atem wir dann momentan beim Hinlegen heftiger (besteht schon länger, jetzt verstärkt). Der Patient meint, daß es ihm mit MAG-C. in bezug auf sein Herz besser ging als jetzt mit SULFUR. Mit MEZ. LM30 ging es ihm im September 1990 sehr gut, der Hautausschlag ging fast vollständig zurück. Der Patient spürt neuerdings plötzliche Schwindelanfälle, die ohne Zusammenhänge auftreten. Es gibt einen Zusammenhang zwischen Haut und Herz.

Mezereum besserte den Ausschlag

Besprechung
MEZ. hat damals der Haut sehr gut geholfen, jedoch wurde das Herz etwas schlechter. CALAD. hat diese Enge ums Herz, die Atemnot und die Beziehung zu Haut, Lunge und Kreislauf.

- **CALAD. C200** täglich 1 Globulus in eine 10ml-Flasche, in etwas Wasser auflösen und mit Alkohol (Cognac) auffüllen. Dann fünf Schüttelschläge geben und fünf Tropfen mit etwas Wasser morgens nüchtern einnehmen.

Läuterungsprozeß ausgelöst

Mit CALADIUM tat sich in ihm etwas, das nicht mit Worten zu fassen ist. Auch Juckreiz und Hautausschlag veränderten sich. Es war erträglicher und auf einmal bricht eine schwere Grippe aus.
Diesen Prozeß kennen wir in der Homöopathie. Das Mittel auf der Basis der vorherigen Behandlung baut unmerklich einen gewaltigen Läuterungsprozeß auf. Die Behandlung läuft nicht wie sie sonst in der Homöopathie bekannt ist. Die rasche Wunderheilung findet nicht statt. Die Mittel haben ihre Wirkung aber zäh und langsam. Das Loslassen ist schmerzhaft und zögerlich. Die Gnade ist schwer zu erkennen, auch manchmal Jahre später noch nicht. Obwohl der Mensch danach eindeutig stabiler und sein Immunsystem völlig überholt wird. Aber der Schmerz des Aufgebens kann manchem nachhängen. In unserem Fall hat der Patient es trotz großer Schmerzen und viel Geduld und Vertrauen durchgehalten und war hinterher richtig dankbar. Die ganze Behandlung lief außerhalb des Kreises.

Die Gnade der Heilung ist manchmal schwer zu erkennen

20.3.1991

Fortsetzung 16

14.2.1991

Er bekommt plötzlich heftigen, bellenden Husten; muß sich ins Bett legen, wobei sein Atem stark rasselt. Er kann sich im Bett wegen seiner Hüftgelenksversteifung nicht aufrichten, aber Aufstehen bessert den Husten und die Atemnot.

- **SEPIA LM 30,** 3 Tropfen auf einen Eßlöffel, alle drei Stunden

19.2.1991

Das Allgemeinbefinden verschlechterte sich wieder in starkem Maße. Er leidet unter Müdigkeit und Schwäche. Er hat Schmerzen unter dem rechten Schulterblatt, besonders bei Bewegung; auch Schmerzen im Liegen auf der rechten Seite. Der Husten wurde nach einer leichten Besserung wieder schlimmer. Er hat besonders im Liegen Atemnot mit starkem Rasseln in den Bronchien. Es fällt ihm auf, daß der Hautausschlag und Juckreiz seit der Einnahme von SEP. LM30 verschwunden ist.

- **SULFUR LM120,** 3 Tropfen alle 4 Stunden

20.2.1991

Er hatte nachts ganz schlimmen Husten mit starkem Auswurf und Schmerzen in der linken Brustseite. Er fühlt sich sehr elend.

- **SYPH. LM 120,** 1 Tropfen auf ein Schnapsglas, davon eine Gabe täglich, da Sulfur verschlechterte.

25.2.1991
Seit zwei Tagen hat er abends und nachts erhöhte Temperatur (38 °C). Die Bronchien sind sehr in Mitleidenschaft gezogen. Nachts hat er heftige Hustenanfälle mit weißem Auswurf. Die Kieferhöhlen sind stark verschleimt, und es sondert sich gelblich-weißes Sekret ab. Gleichzeitig besteht heftiger Schnupfen mit ständig laufender Nase. Beim Hinlegen ist die Atmung besonders erschwert. Die Zunge ist weißlich belegt. Im linken Ohr hat er ein starkes Ohrensausen, das sich anhört wie fernes Rauschen im Walde. Nachts hat er plötzlich Harndruck, der kaum zu halten ist. Er muß nachts öfters auf die Toilette gehen. Beim Husten schmerzt die alten Leistenbruchstelle links. Er schwitzt nachts seinen ganzen Schlafanzug durch. Untertags sieht er ab und zu gezackte Kreise, die langsam wieder verschwinden. Er hat leichten Durchfall. Der Puls ist unregelmäßig.

- **KALI-NIT. C 200,** alle 4 Stunden 2 Globuli in 1/2 Glas Wasser, davon einen Schluck, wurde wegen dem Rauschen im Ohr gewählt.

27.2.1991
KALI-NIT. tut ihm allgemein gut und bessert auch den Husten. Er hat nachts wieder Temperatur und Nachtschweiß; muß Schlafanzug und Bettwäsche wechseln. Der Geruchs- und Geschmackssinn sind völlig weg. Er nahm zwei Kilogramm an Gewicht ab. KALI-NIT. läuft weiter.

1.3.1991
Der Husten wurde weiter besser, aber dann kam er verstärkt wieder. Nachts wieder heftiger Hustenreiz, jedoch mehr trocken mit weniger Auswurf. Der Schnupfen und die Kieferhöhlenbeschwerden sind unverändert stark. Bei dem Versuch, im Freien spazieren zu gehen, bekam er sofort einen Schweißausbruch. Abends erhöhte Temperatur und Hustenreiz um Mitternacht. Er hat Verlangen nach pikanten Speisen. Wegen dem Verlangen nach Pikantem: ARSEN.

- **ARS-ALB. LM 30,** 2 Tropfen alle 3-4 Stunden.

2.3.1991
Nach der Mitteleinnahme kam der Husten heftiger und häufiger. Es ist kaum noch Auswurf vorhanden. Der Husten ist besonders nachts im Bett schlimm; der Hustenreiz kommt meist, wenn beim Atmen ein leises "Schleifen" in den Bronchien hörbar wird; wie wenn et-

was Schleim mitgezogen werden muß und zum Husten zwingt. Der Allgemeinzustand ist schlecht. Er will wieder ins Bett gehen. Es ist ein ständiges Durstgefühl da. ARS-ALB. läuft weiter, da die Einnahmezeit zu kurz war.

8.3.1991
Er geht jetzt jeden Tag etwas spazieren (1/2 Stunde). Der ganze Oberkörper ist danach jedesmal durchgeschwitzt. Beim Kaffeetrinken bekommt er auch einen Schweißausbruch. Nachts hat er keine erhöhte Temperatur und auch keinen kalten Schweiß mehr. Das Allgemeinbefinden wurde besser, aber er fühlt sich noch schwach.

Kali-c. wegen Schwäche

● **KALI-C. LM30,** 2 x täglich 2 Tropfen, wegen der Schwäche und Schweiß durch warme Getränke

13.3.1991
Um 3 Uhr nachts hat er ein Trockenheitsgefühl im Mund und auf der Zunge (Landkartenzunge). Mund und Zunge sind in Wirklichkeit aber feucht. Ein Mittagsschlaf bringt keine Erfrischung, er fühlt sich wie erschlagen. Beim Mittagessen muß er wieder schwitzen.

14.3.1991
Er erwacht um 4.15 Uhr und hat wieder dieses Trockenheitsgefühl auf der Zunge (fast wie ein Brennen). Insgesamt wird er langsam stabiler. Der Hautausschlag und das Jucken wurden wieder stärker. Der Geruchssinn fehlt noch immer. Der Blutdruck ist 165/90, Puls 80/min.

19.3.1991
Er macht jetzt längere Spaziergänge, aber jedesmal ist er danach besonders unter den Achseln und am Kopf durchgeschwitzt. Durch das Schwitzen hat er Durst auf große Mengen kaltes Mineralwasser. Er trinkt einen 1/4 - 1/2 Liter Wasser und hat Appetit auf Pikantes. Er fühlt sich noch immer geschwächt. Der Geruchssinn fehlt unverändert. Insgesamt ermüdet er schnell.
Beim Urinieren und untertags gehen Blähungen ab. Der Stuhlgang ist täglich, aber hart. Im Urin wurde Eiweiß festgestellt. Der Juckreiz wurde wieder schlimmer.
Frage: Soll er Sepia LM 30 wieder nehmen, weil es am Anfang Erleichterung für den Hautausschlag brachte?

Besprechung
Repertorisation:
1. *Schweiß durch warmes Essen*
2. *Schweiß durch geringste Anstrengung*
3. *Schweiß unter den Achseln*
4. *Schwitzen am Kopf*
5. *Geruchssinn fehlt*
6. *Schwäche*
7. *harter Stuhl*
8. *Flatulenz beim Urinieren*
9. *Durst auf Kaltes*
10. *Durst auf große Mengen*
11. *Verlangen nach Pikantem*

Aufgrund des Symptoms *Durst auf Kaltes* kommt eindeutig Phosphor in Frage. PHOS. paßt gut zu den Symptomen und dem Zustand.

- **PHOSPHOR LM 60,** 1 x täglich 1-2 gtt.

24.7.1991

Fortsetzung 17

Der Patient leidet seit der damaligen Grippe unter Geruchsverlust, Husten mit Schleimabsonderung morgens und ständigem Harndrang. Auch hat sich die Verdauung noch nicht normalisiert. Es kommt zu starken Blähungen. Er nahm bereits CAUST., doch ohne Erfolg. Ansonsten fühlt er sich seit Phos. wieder kräftiger.

Besprechung

Er sollte jetzt die Grippe-Nosode nehmen, da sich der Zustand durch kein Mittel wesentlich besserte. Er steckt immer noch im chronischen Zustand fest.

- **INFLUENZINUM C 1000,** Doppelgabe und längere Zeit abwarten.

Differentialdiagnose von Influenzinum und Psoriunum

Frage: Warum kann anstatt Influenzinum nicht PSORINUM gegeben werden, obwohl eine leichte depressive Richtung vorhanden ist?
Antwort: Es fehlt die Schwäche! Nach einem akuten Geschehen ist PSORINUM appetitlos und sehr schwach. Es ist ihm kalt. Der Patient kommt nicht mehr zu Kräften. Bei PSORINUM muß die Hoffnungslosigkeit vorhanden sein. Der Patient glaubt, nicht mehr gesund zu werden.

Weitere Behandlung außerhalb des Kreises. INFLUENZINUM war gut und rundete es langsam ab.

Frau F., 28 Jahre
Chronische Sinusitis

Vorgeschichte

akute eitrige Sinusitis ausgelöst durch feucht-kalte Witterung

chronischer Verlauf

Seit acht Jahren hat Frau F. eine chronische Sinusitis, die im Urlaub 1980 ausgelöst wurde; sie bekam vom Schlafen in einem feucht-klammen Zelt eine eitrige Nebenhöhlenentzündung mit Fieber. Seitdem hat sie die immer wiederkehrende Sinusitis.
Im Herbst, wenn es kälter wird, fängt es an und hält dann praktisch den ganzen Winter an, solange es kalt ist; feucht-kalte Witterung. Es beginnt immer in den Kieferhöhlen und steigt dann auf in die Stirnhöhlen. Morgens schneuzt sie ganz viel eitrig-blutigen oder blu-tig-klaren Schleim; wenn eitrig, dann gelb-grün. Nach dem Schneuzen ist alles besser.

Schleimhäute wund

blutige Kruste abends

Morgens ist "alles" zu (Nase, Stirnhöhle), wenn sie sich eine Zeitlang bewegt hat, beginnt sich der Schleim zu lösen, und sie kann ausschneuzen. Sie hat ein Druckgefühl in Nase und Stirnhöhlen. Das Schneuzen ist manchmal schmerzhaft (starker Druckschmerz). Die Nasenflügel werden innen wund mit Schorf; dicke ovale blutige Krusten, die sich schlecht ablösen lassen. Nach dem Ablösen bleibt eine sekretige, blutige Wunde zurück; der Schorf bildet sich neu. Abends geht es besser; sie geht spät ins Bett und schläft gut. Manchmal bekommt sie zur Sinusitis eine Augenentzündung und/ oder einen Reizhusten und Kitzeln.

Pilzinfektionen der Vagina

Sehr häufig bekommt sie eine Pilzinfektion der Scheide, momentan nicht. Meistens dann, wenn vor dem Coitus nicht genügend Scheidenflüssigkeit gebildet wurde, weil es zu schnell ging oder sie keine richtige Lust hatte. Manchmal hat sie auch ohne Geschlechtsverkehr eine Pilzinfektion.

wäßrige Bläschchen
rissige Schleimhaut
furchtbarer Juckreiz
Brennen beim Wasserlassen

Scheidenpilz: Es bilden sich wäßrige Bläschen an den äußeren und inneren Schamlippen, die aufplatzen, und daraus entstehen ganz kleine Risse. Es juckt furchtbar und brennt beim Wasserlassen, außerdem hat sie einen wäßrigen Ausfluß; die Scheide ist dann richtig glatt und schlüpfrig, wie im gesunden Zustand. Im gesunden Zustand hat sie ständig weißen Ausfluß.

Medikamente: Sinupret (den ganzen Winter), Canesten® (Pilzmittel) bei Bedarf.

Die nun folgenden Symptome ergaben sich aus dem weiteren Gespräch und sind der Patientin nicht so wichtig, da sie sich schon daran gewöhnt hat.

Begleitsymptome

Nach der Geburt ihres Sohnes (vor fünf Jahren) hat ihr Gehirn "aufgehört zu funktionieren". Zuvor konnte sie einen Text mit einem Blick erfasssen; jetzt muß sie, wenn sie einen Text abtippt, Buchstabe für Buchstabe übertragen, weil sie sonst auf dem Weg vom Text zur Tastatur jedes Wort vergißt. Die Buchstaben tanzen vor ihren Augen; sie kann auch nicht mehr in ganzen Sätzen, sondern nur Wort für Wort denken. Sie liest einen Text und nimmt nichts auf; (im allgemeinen ist alles wieder etwas besser als vor fünf Jahren). Sie hat immer einen "Sumskopf", als "ob sie die ganze Nacht durchgesoffen hätte". Es fühlt sich so schlummerig, dumpf im vorderen Teil des Kopfes an; ein Druckgefühl.

Unkonzentriertheit

Symptome besser in Gesellschaft, bei Streß

Diese Symptome sind am schlimmsten alleine zu Hause. In Gesellschaft, wenn sie reden kann oder von einem intensiven Gespräch gefesselt ist, ist es weg. Abends ist es besser und bei Streß auch: "Da kann ich mir das nicht leisten."

Angst: beim Alleinsein vor Einbrechern vor Giften

Sie hat Angst beim Alleinsein. Wenn sie alleine ist, verspürt sie eine innere Leere, kann dann nicht schöpferisch sein, nicht alleine lernen. Außerdem ist dann niemand da, für den sie sorgen kann. Sie hat Angst vor Einbrechern (auch beim Alleinsein). Zudem hat sie Angst vor Umweltgiften, Flugzeugabgasen etc.

Unruhe kann nicht ruhig sitzen

sorgt sich um die Kinder

Gewichtsabnahme

will immer das, was nicht zu haben ist

Eigentlich kann sie gar nicht auf sich selbst achten, weil sie ständig beschäftigt ist, zu schauen, daß es den Kindern gutgeht. Sie kann auch nicht ruhig sitzen bleiben; sie muß ständig ihrer kleinen Tochter hinterherspringen (sie meint: "Das ist jetzt das Alter, wo dauernd etwas passiert"). Dabei wird sie immer dünner! Sie ist allgemein unruhig, kann nicht ruhig sitzen bleiben, muß ständig etwas tun und in Ordnung bringen; nur im Urlaub kann sie ein Buch lesen, weil sie da nichts tun kann. Sie will immer das, was nicht zu haben ist; z. B. sie nimmt Gummibärchen mit in den Urlaub, weil es sie da nicht geben könnte; dann geht aber das Brot zu Neige; sie will dann das ganze Brot essen, das geht aber nicht, weil die anderen auch noch da sind. Sie kommt dann in einen Konflikt, weil sie eigentlich essen will, aber Rücksicht nehmen muß.

Schwindel beim Schaukeln und bei Kopf Hin- und Herdrehen

Wenn sie Gesellschaft gehabt hat, kann sie früh aufstehen; sie ist dann topfit. Sie liebt die Vergangenheit und ist in ihr verhaftet. Schaukeln geht gar nicht, da wird ihr sogar vom Zusehen schwindlig. Als ob sie im Kreis gedreht würde; dann fängt sie an zu schwanken, wird wackelig auf den Beinen und muß sich festhalten. Wenn sie schnell den Kopf hin und her dreht, wird ihr auch schwindlig.

Streß, knabbert an Wangeninnenseiten

Sie knabbert an den Wangeninnenseiten, die sind ständig aufgebissen; das fing nach dem ersten Kind an (durch den Streß). Baden in der Wanne mag sie nicht, weil sie davon todmüde wird, duschen geht. Eigentlich ist sie eher ein warmblütiger Mensch, aber mit der Erkältung wird ihr kalt, zieht sich dann zu warm an und überhitzt sich ständig.

Essen Verlagen: süß Gemüse

Abneigung: trockenes Essen, Brei, Schleimiges

Schokolade mag sie phasenweise ganz viel, dann wieder gar nicht. Gummibärchen mag sie; Kuchen mag sie gerne. Sie ißt gerne, was andere kochen; ißt gerne Gemüse, wenig Fleisch; im Prinzip graust ihr davor und sie ißt es nur zweimal die Woche. Wurst ißt sie nicht gerne und nur mäßig; ab und zu Mortadella und Parmaschinken, wenn er dünn geschnitten ist, mag sie ihn gerne. Teigwaren müssen rutschen, am liebsten Spätzle. Das Essen darf nicht trocken sein; es muß rutschen; viel Soße, aber keinen Brei - davon wird ihr übel. Pudding ist auch schlimm. Das Essen darf nicht schleimig sein.

Würgereiz beim Zähneputzen

Sie hat Ekel vor Schleim, da bekommt sie einen Würgereiz. Selbst beim Zähneputzen bekommt sie leicht einen Würgereiz.

viel Durst Kaffeeunverträglichkeit

Sie trinkt viel, am liebsten Saft mit Wasser. Vom Kaffee bekommt sie Magenschmerzen; mag aber Espresso und verträgt ihn auch. Sie trinkt wenig Alkohol; sie verträgt ihn nicht (wird schnell betrunken).
KALI-BI. LM30, ab 11.10.1989, keine Reaktion;
Seit 19.10.1989 **ARSEN LM60**

Besprechung

Knabbern an den Wangeninnenseiten - das macht sie ganz bewußt. Es gibt zwar eine Rubrik im Repertorium unter *MUND beißt sich in die Wange*, doch da ist das zufällige *sich in die Wange beißen* gemeint. NIT-AC. hat dieses Symptom.

Würgen beim Zähneputzen: Nux-v.
Nux-v. paßt gut zu ihr, aber nicht zu ihrer Sinusitis. Dafür paßt Nit-ac. - das paßt auch zur Scheidenentzündung.

- **Nit-ac. LM30**

Hypothese eines Teilnehmers: Lyc. nimmt sein Essen mit in den Urlaub. Das wäre zu überprüfen.

28.3.1990

Fortsetzung 1

Nit-ac. LM30 aufgrund der Schnupfensymptome und rezidivierender Scheideninfektion. Sie hat das Mittel viereinhalb Wochen genommen; es hat ihr gutgetan, der Schnupfen und der Scheidenpilz war weg. Seit einer Woche hat sie wieder Schnupfen. Jetzt ist sie beleidigt und frustriert, weil es wieder von vorne losgeht.

Besserung der Sinusitis und des Scheidenpilzes

Sulf. LM60 am 19.12.1989 wegen folgender akuter Symptome: morgens ist es schlimmer als abends, sie kommt nicht aus dem Bett und hängt bis Mittag rum. Es ist ihr immer zu warm, sie kommt leicht ins Schwitzen. Sie braucht frische Luft, das Fenster muß immer auf sein. Außerdem hat sie ein Bedürfnis nach heißen Getränken, Tee; sie macht sich sogar das Bier warm.

erneut Sinusitis schlimmer morgens

Verlangen nach warmen Getränken und Frischluft Sulfur

Die Patientin nimmt Sulfur dreieinhalb Wochen und kommt am 11.1.90 wieder. Die Sinusitis ist besser geworden, aber psychisch geht es ihr gar nicht gut. Sie traut sich nicht, auf Leute zuzugehen, weil sie nicht weiß, wie sie aufgenommen wird. Sie hat Angst, zurückgewiesen zu werden. Sie fühlt sich allgemein minderwertig.

Besserung der Sinusitis

- **Lyc. LM30,** ab 11.1.1990

Angst auf Leute zuzugehen minderwertig Lycopodium

Die Patientin nimmt Lyc. LM30 bis Ende Februar und erhöht dann auf eigenen Wunsch auf Lyc. LM60 (ab 5.3.90). Es geht ihr allgemein großartig, die Sinusitis ist weg. Die Scheideninfektion ist seit Nit-ac. nicht mehr wiedergekehrt. Auf Lyc. möchte sie nicht mehr verzichten.

Herr L., 18 Jahre
Anginen, Pollenallergie

Habitus

Herr L. ist 18 Jahre alt, 1,75 m groß, hat dunkelblonde Haare, blaue Augen; er ist von schlanker Statur, aber kräftig.

Vorgeschichte

von Kind an rezidivierende Halsschmerzen, Angina

Kinderkrankheiten: Windpocken; als Säugling hatte er Milchschorf hauptsächlich an Gesicht und Ohren. Als Kleinkind eine Eierallergie. Er hatte schon als Kind häufig Halsschmerzen, bis ihm die Polypen mit sechs Jahren herausgenommen wurden. Später und bis jetzt immer wieder Angina, meistens nur Halsschmerzen, hin und wieder auch eitrige Mandeln mit Fieber.

Beschwerden durch geringsten Luftzug

Ärger, wenn Luftzug nicht sofort weggeht

Der geringste Luftzug bereitet ihm augenblicklich Beschwerden. Wenn er sich schlafen legt mit freiem Oberkörper, fängt er sofort zu husten an. Es ist ein trockener Husten mit jeweils ein, zwei kurzen Hustenstößen. Die Verschlimmerungszeit der Halsschmerzen ist morgens. Kann der Luftzug nicht sofort beseitigt werden, macht ihn das ziemlich unpäßlich, zuweilen auch aggressiv.

labiler Charakter

Ärger, wenn jemand etwas nicht so macht, wie er es meint

wird wütend, wenn ihm Geschehenes nicht mehr einfällt

Von seinem Wesen her ist er eher labil. In einem Moment ist er bei bester Laune, im nächsten Moment kann sich das völlig wandeln. Besonders, wenn er krank ist oder wenn jemand einen Fehler macht (es also nicht so macht, wie er meint). Da kann es schon passieren, daß er sich zurückzieht, niemanden sehen will und stundenlang in Selbstvorwürfen und Selbstmitleid zerfließt. Was ihn auch noch wahnsinnig machen kann, ist, wenn er über irgend etwas nachdenkt und ihm nicht mehr alles so einfällt, wie es gewesen ist. Er sieht sich dann einem richtigen Zwang ausgesetzt, Dinge, die geschehen sind, gedanklich zu rekonstruieren. Und wenn es ihm nicht gelingt, grübelt er stundenlang nach und ist erst wieder zufrieden, wenn es ihm eingefallen ist bzw. er "rastet aus", wenn es ihm nicht mehr einfällt.

Liebe zum Detail

Auffallend ist auch seine äußerst große Liebe zum Detail. Dabei kann ihm leicht der Blick für das Wesentliche verlorengehen.

sehr eitel

Er ist sehr eitel. Sehr zu schaffen machen ihm seine Pickel. Es handelt sich dabei um zwei Arten von Pickel: zum einen die

"Pubertätspickel", zum anderen richtige Abszesse, die sich bei ihm unterirdisch entwickeln und oft wochenlang schmerzen. Diese Art von Abszeß tritt im Unterkieferbereich und am oberen Rücken verstärkt auf. *Pickel* *Abszesse*

Wenn er hungrig ist, muß er möglichst bald etwas essen, sonst wird er ungemütlich. Er kann dann auch Kopfschmerzen bekommen, die durch Essen wieder besser werden. *Kopfschmerz bei Hunger Essen bessert*

Außerdem besteht seit drei Jahren eine Pollenallergie: häufiges Niesen; Schnupfen; dabei kleine rote, juckende Bläschen am weichen Gaumen. *Pollenallergie*

Besprechung

Bei LYC. gehen die Kopfschmerzen nach dem Essen weg. Jedoch wird ihm anfänglich NUX-V. guttun und für LYC. vorbereiten. *Ärger über Fehler*

Es geht ihm darum, daß er es in Ordnung bringt: NUX-V. (Streitsache: NUX-V. oder ARS.) ARS. ist ordentlich, NUX-V. braucht die Details. LYC. ist pedantisch. *Nux vomica*

Der Patient ist beides, NUX-V. und LYC.! Das Symptom, das zu NUX-V. führte, ist "ärgert sich überhaupt wegen Fehler". "Solange er Zeit hat, geht es - aber sonst rastet er aus" trifft auch für NUX-V. zu. *Folgemittel: Lycopodium*

- **NUX-V. LM120**, und als nächstes Mittel LYC. geben.

Herr R., 66 Jahre
Ischias und Lumbago

Familienanamnese

Die Eltern von Herrn R. litten beide an Rheuma, die Mutter auch noch an Gicht. Der Vater starb mit knapp 60 Jahren an Herzversagen. Die Mutter wurde etwas älter (65 Jahre) und verstarb nach mehreren Schlaganfällen. Der Vater hatte schon mit 35 Jahren Rheuma und des öfteren Herzanfälle. Der ältere Bruder litt schon seit der Kindheit an Nierenproblemen, hatte einmal Malaria.

Vorgeschichte

Im Krieg hatte er selbst eine Gelbsucht durchgemacht, die klinisch ausgeheilt sein soll. Die Skleren sind jedoch oft gelb. Die Mandeln wurden im Alter von 20 Jahren entfernt. Herzneurosen stellten sich mit ca. 27 Jahren ein, gingen dann vorbei. Beim Militär wurden sieben vereiterte Zähne auf einmal gezogen. Er hatte 1950 eine trockene Rippenfellentzündung und eine Lungenentzündung.

Momentane Beschwerden

Er neigt immer wieder zu Ischias, Erkältungen; ist an Zigaretten und mäßigen Alkoholkonsum gewöhnt (zwei bis drei Bier oder zwei Whisky am Abend); hat beim Anstoßen schnell blaue Flecke.
Beschwerden (Lumbago) immer nach schwerem Heben schlechter. Seine Haltung ist gebeugt in der Brust- und Halswirbelsäule; leichter Buckel. Wadenkrämpfe nach Saunabesuch abends im Bett. Fingernägel gerippt und rauh. Schmerzen in den Handgelenken nach dem Genuß von Schweinefleisch; verschwinden aber wieder schnell - keine erhöhte Harnsäure.
Er ist schwach farbenblind; auf einem Ohr ist er seit einer Explosion im Krieg schwerhörig. Bei Erkältungen ist immer das gesunde Ohr betroffen. Husten morgens nach dem Aufstehen.

Modalitäten

Gehen an frischer Luft verbessert allgemein. Fasten bessert. Schnelles Gehen und Laufen verschlechtert. Angst an hochgelegenen Orten/Brücken.

Allgemeines
arbeitet abends lang
trinkt Kaffee

Herr R. braucht seine Zeit zum Anziehen, um in Gang zu kommen. Er schläft gerne und ist eher etwas langsam und gemütlich. Bleibt lange an der Arbeit, trinkt dabei Kaffee und hetzt sich nicht; hat aber viel zu tun, so daß er erst spät nach Hause kommt. Sorgt sich um die Familie, ist aber erst seit der Pensionierung öfters zu Hause. Er versucht es der Frau rechtzumachen; versucht jeden Streit zu meiden, läßt sich unwidersprochen anmeckern, behält seinen Gram für sich und geht dann lieber arbeiten. Er ist beruflich selbständig und kann sich so alles einteilen. Er mag keine Diskussionen, die zu sehr in die Tiefe gehen. Er beendet diese mit einem schlichtenden, zusammenfassenden Statement und bietet einen Drink an.

meidet Streit

flüchtet sich in die Arbeit

mag keine tiefgehenden Diskussionen

Viel wird über Geld und Geben von Geld geregelt (Geldgeben ist eine Art von Zuwendung), Gefühle auszudrücken fällt ihm schwer. In diesem Sinne scheint er verschlossen. Psychologisches ist ihm irgendwie verdächtig. Wenn es ungemütlich wird, ist für ihn Zeit zu gehen oder abzulenken. Durch seine geschäftige Betriebsamkeit schafft er eine materielle Basis, die allen eine ungestörte "Harmonie" ohne Not ermöglicht. Er ist fürsorglich und sorgend - traut aber den anderen in der Familie auf der anderen Seite auch nicht allzu viel zu. Er versorgt auch die Frau - scheint aber stets auch auf die klassische Verteilung der Rollen Wert gelegt zu haben.

zeigt Zuwendung in Form von Geld

schafft materielle Basis für ungestörte "Harmonie"

Er ist humorvoll, ein guter Unterhalter in Gesellschaften, den kulinarischen Genüssen zugeneigt, trotzdem nicht dick. Hier fällt die gebeugt Körperhaltung auf. Gelbe Skleren und viele kleine rote geplatzte Äderchen auf der Netzhaut. Die Nase ist rot und manchmal leicht bläulich; das Gesicht geht allgemein ins Rote - dunkel. Ein chronischer Fußpilz wird seit Jahren mit Antimykotikum behandelt. Viele Leberflecken und auch blaue Flecken sind zu sehen.

humorvoll guter Unterhalter liebt gutes Essen

Habitus

Besprechung

Die Leber zu unterstützen ist in diesem Fall wichtig. Vorschlag in der Gruppe, PHOSPHOR zu geben, da Herr R. dem Trinken und den Genüßen zugeneigt ist. Die anderen sind nicht begeistert von diesem Vorschlag. Wir sollten eher an NUX-V. denken.

Hat NUX-V. Angst, daß es in die Tiefe geht?
Herr R. will sich in der Arbeit verstecken und nicht in die Tiefe gehen; er geht jedem Streit aus dem Weg. **NUX-V. ist einerseits feige und andererseits mutig; lieber oberflächlich streiten**. Depressive Richtung oder auch ohne Depressionen - er geht Streit aus dem Weg. **NUX-V. macht seine Arbeit, verdient sein Geld, um seine Familie und Geschäft regeln zu können und mehr**

Nux vomica

interessiert ihn nicht. Wenn man mit anderen Problemen zu ihm kommt, will er soweit als möglich damit nichts zu tun haben.
NUX-V. geht nur so weit ins Detail, wie es für einen reibungslosen Ablauf seiner Geschäfte/Familie nötig ist; andere Dinge können unordentlich sein.

Vertrauen in andere

AURUM hat kein Vertrauen in den anderen. Aber der Patient sagte - "traut den anderen nicht allzu viel zu", also NUX-V. Für NUX-V. muß das Leben geregelt sein und "Ende - wir brauchen nicht weiter zu reden", auch **"Zack-zack!" ist NUX-V**. Das Geld ist da. Er ist einseitig. Details sind wichtig, aber mehr nicht. Wenn nichts geregelt ist, dann gibt es Ärger (der Familie immer genug Geld geben).

LYC. wäre: „Wie toll **ich** es für dich gemacht habe!". **LYC. braucht die Familie, NUX-V. nicht. NUX-V. braucht nebenbei die Frau. Er ist kein "Egotripper".**

Bei der Anamnese immer auf die Formulierung des Patienten achten!

Es ist zu beachten, wie es vom Patienten formuliert wird. Das ist wichtig. NUX-V. soll auch sehr ärgerlich sein. Mit dieser einseitigen Vorstellung von Nux-v. könnten wir es vielen Menschen, vor allem Geschäftsleuten, nicht geben. Ist das Leben von NUX-V. "geregelt", gibt es keinen Ärger.

Frau W., 66 Jahre
Ischialgie links

Frau W. ist 66 Jahre und wirkt von ihrem Aussehen und ihrer Art wie 55. Sie hat 42 Jahre Ehe hinter sich, in denen sie eigentlich immer unterdrückt worden ist. Ihr Mann ist vor etwa einem Jahr gestorben.

Habitus

Größe ca. 1,60 m; als Jugendliche relativ dick, im Alter etwas dünner geworden; blonde und eher etwas dünne Haare; blaue Augen.

Gemüt

Mangel an Selbstvertrauen
manisch depressiv
tränenreiche Depression
innere Unruhe bei kleinster Belastung
Schlaflosigkeit
redet viel
Konzentrationsschwäche
sensibel mitfühlend

Mangel an Selbstvertrauen, seit sie damals so dick geworden ist; fühlt sich unter fremden Menschen sehr unsicher, stockt dann in ihren Antworten; sie weiß nicht, ob sie bestimmte Dinge schaffen kann; leichte Neigung zum Manisch-Deppresiven; im depressiven Stadium laufen häufig die Tränen, sie ist aber einem Trost durchaus zugänglich. Bei Unruhe verkrampft sie sich innerlich; innere Unruhe bei der kleinsten seelischen Belastung - sie spürt die Unruhe in der Gallengegend, im Magen und manchmal im gesamten Oberbauch; dabei auch Verkrampfung der Nackenmuskulatur mit anschließendem Kopfschmerz, meist am Hinterkopf. Sie kann bei Unruhe nicht schlafen (jahrelang Lexotanil); kann auch nicht schlafen, wenn sie am nächsten Tag einen Termin oder etwas Festes vorhat.Unabhängig von ihrer momentanen Verfassung redet sie unheimlich viel; sie kann sich nicht lange konzentrieren; wiederholt sich auch öfters (innerhalb einiger Tage). Sie ist sehr sensibel; kann sich gegen Eindrücke von außen nicht erwehren; hat Mitleid, besonders bei Kindern. Es fällt auf, daß fast alle Verwandten und Bekannten, die sie gerne hat, von ihr durch Tod, Krankheit, Zwistigkeiten oder andere Umstände getrennt sind. Dabei handelt es sich aber fast ausschließlich um Männer. Frauenfreundschaften können sich besser halten.
Sie fragt sich sehr oft, ob sie etwas richtig gemacht hat.

Modalitäten

Sie hat ein großes Verlangen nach Gehen an der frischen Luft, dadurch oft Besserung der Allgemeinsymptomatik; Besserung der Kopfschmerzen durch Hinlegen; sie fühlt sich wohler bei warmem Wetter, mag die Sonne, sitzt dabei aber lieber im Schatten; große

Wetterfühligkeit; Verschlimmerung aller Smptome beim "Daran-denken" und durch Aufregung; das vorherrschende Symptom belastet sie jeweils stark, sie hat dann oft Angst, es könnte bösartig sein und ist darüber sehr beunruhigt.

Kopf/Gesicht: Hauptsächlich Hinterkopfschmerz mit vorangegangener Verkrampfung der Nackenmuskulatur (jedoch erst seit sie sich vor ca. 20 Jahren den Cervikalbereich der Wirbelsäule bei einem Sturz stark geprellt hatte). Trigeminus-Neuralgie links, betroffen sind meist die oberen beiden Äste; meist ist dann morgens der Bereich um die Augenbraue geschwollen, hin und wieder auch schmerzhaft. Es mußten links oben zwei Backenzähne gezogen werden, da sie auf Eiter saßen.

Augen: Bei Aufregung hat sie ein Gefühl wie Sand in den Augen; auch Rötung der Bindehaut mit unwillkürlichen Tränen; besonders morgens unklarer, verschwommener Blick, sie kann sich im Spiegel nicht richtig erkennen.

Ausschlag
< durch Sonne

Brust: In der Mitte der Brust, ca. 5 cm über dem Solarplexus, hat sie einen pickelartigen Hautausschlag, der einen Durchmesser von 5 mm hat. Vor über einem Jahr war es nur eine kleine silbrige Stelle, die bei direkter Sonneneinstrahlung mit Jucken und Berührungsschmerz reagierte. Die Stelle wurde im Laufe der Zeit größer und färbte sich rot bis dunkelrot ein. Die Empfindungen blieben gleich.

Darm: Vor vielen Jahren einmal Ulcus duodeni; Verdauung allgemein träge.

Extremitäten: schon öfters Ischialgie links; Zehenballen hauptsächlich links verdickt und geschwollen, entzündet und schmerzhaft. Hallux valgus.

Anlaß der Behandlung: Ischialgie; ziehende Schmerzen über der Po-Backe, die in den Oberschenkel außen und manchmal bis zum Knie ausstrahlen; Verschlimmerung im Anfang der Bewegung, nach fortgesetztem Gehen Besserung.

- **Rhus-T. LM12**

Kurzzeitige Besserung, am nächsten Morgen neue Modalitäten: Verschlimmerung beim Gehen und Liegen. Das Bein schmerzt einmal hier, einmal dort; manchmal auch im Unterschenkel. Es tut immer wieder woanders weh.

- **PULSATILLA LM18**

Die Beschwerden im Bein bessern sich, jedoch wird sie leicht depressiv; sie beklagt sich über das Alleinesein und über die Unterdrückung, die sie während ihrer Ehe erlitten hatte. Nach Absetzen des Mittels wird das Bein schlechter.

Sepia, die unterdrückte Ehefrau

- **SEPIA LM30**

Der Schmerz des Beines konzentriert sich wieder mehr auf Oberschenkel und Hüfte; die Depression wird stärker, sie weint sehr viel, klagt aufs äußerste über die Zeit ihrer Ehe; träumt von ihrem Mann und hört ihn nachts rufen.

Träume von Verstorbenen

- **MEDORRHINUM LM120**

Ihre innere Unruhe wird bedeutend besser; auch die Depression wird leichter, aber sie zieht sich von einigen früheren Bekannten zurück (Kegelclub usw.). Auch die Beinbeschwerden bessern sich. Die Empfindungen im Oberbauch werden kurzzeitig schlimmer und verschwinden dann fast vollständig.

weitere > des Schlafes mit Nat.-mur.

- Zwischendurch eine Gabe **NAT-MUR. LM120**

Der rote Fleck auf der Brust wird in der Nacht schmerzhaft, wird dann kleiner, setzt Eiter ab, verkrustet, geht immer wieder ein bißchen auf. Sie schläft jetzt ziemlich gut und kann auch gut einschlafen, wenn sie am nächsten Tag etwas vorhat.

- **CALC-CARB. LM30**

Die Selbstsicherheit wächst langsam ein bißchen; Ischias tritt wieder auf, leichter und nicht lange. Die Verdauung ist schon seit einer Weile sehr gut; der Appetit ist manchmal einem Heißhunger ähnlich; starkes Verlangen nach Süßigkeiten.

Seit der Reaktion nach NAT-MUR. LM120 ist aus diesem roten Fleck wieder ein Pickel geworden, der in der Mitte gelblich ist; manchmal blättert dort die Haut ab. Der Hof ist gerötet, eher sternchenförmig. Die Stelle juckt und ist schmerzempfindlich bei Berührung. Der Hof ist hauteben, die Mitte 2-3 mm erhaben.

Ihre Redseligkeit ist unverändert. Ischias tritt immer wieder bei seelischer Belastung kurzzeitig auf, manchmal ist auch noch die Augenbraue geschwollen. Jedenfalls sind sämtliche Symptome, die noch auftreten, links.

- Salbe mit **Borax D3** für die entzündeten Zehenballen.

Kurz darauf **Lach. LM 30**

Die Ballen werden deutlich besser, sie kann wieder normale Schuhe anziehen; besonders der linke bildet sich gut zurück; der rechte dauert bedeutend länger. Eine Stunde nach der Lachesis-Gabe hatte sie kurz linksseitige Kopfschmerzen, die nach einer halben Stunde verschwanden. Der Ischias ist über Nacht noch einmal an wechselnden Stellen spürbar, am nächsten Morgen so gut wie weg. Eine frühere Schwellung des linken Knöchels (abends) tritt seither nicht mehr auf. Auch das seelische Gleichgewicht ist viel stabiler, die Patientin fühlt sich wieder wohl.

seelisch stabiler

Es erfolgt ein schlimmer Einbruch, als ihr bester Freund sie seit langem wieder besucht und ihr mitteilt, daß er verkrebst sei und wohl nicht mehr lange leben würde.

Rückfall durch Kummer

Sie wurde depressiv und weinte viel; der Ischias tritt hin und wieder in Erscheinung; die Modalitäten sind sehr wechselhaft; der Hautausschlag auf der Burst schmerzt mehr und belastet sie stark.

Besprechung

Der Behandler sagt, das ist sein peinlichster Fall.

Die Symptome sind nicht vervollständigt, z.B. die Hinterkopfschmerzen - wann?, wo? usw.

Der Ischias kommt immer wieder und auch der Hautausschlag. Der Teilnehmer weiß nicht, was er weiter geben soll. Er bekommt auch nicht die Nackenversteifung weg.

Übrig bleibt der Hautausschlag; ansonsten ist alles gebessert. Wir brauchen eine neue Anamnese des Hautausschlages, und der jetzige Zustands ist auch wichtig, d.h. die Auswirkung der Krebserkrankung des Freundes. Erst dann können wir die Weiterbehandlung durchführen.

Der Behandler sieht den Erfolg nicht: das Selbstwertgefühl der Frau ist deutlich gestiegen, sie kann gut schlafen, die innere Unruhe bei geringster Belastung ist weg, ebenso die Alpträume. Die Zehenballen sind geheilt. Nur durch die Sorge einen lieben Menschen zu verlieren, ist sie wieder in die alte Trennungsproblematik gefallen. Nat.-mur. kommt evtl. wieder in Frage.

Frage: Hautausschlag um die Augen; SULFUR LM60 hat gebessert, aber sie hat Symptome von SULF. bekommen sowie eine unterdrückte Regel.
Antwort: Unterdrücken der Regel ist nicht als Verschlimmerung zu betrachten, sondern das gewählte Mittel ist falsch, da die Haut besser wird und ein Allgemeinsymptom schlechter. Eine neue Fallaufnahme machen.

Mittel falsch gewählt, wenn Allgemeinzustand <

Frage: Wo finde ich *Übersäuerung* im Repertorium?
Antwort: Im Repertorium gibt es die Rubrik *Übersäuerung* nicht, sondern man muß unter den verschiedenen Symptomen einer Übersäuerung suchen. Man muß nicht einen sauer riechenden Stuhl oder Schweiß oder sauren Geschmack haben, wenn man übersäuert ist. Man kann aber diese Rubriken nehmen, um die Liste der wichtigsten Mittel von Übersäuerung zu erstellen.

Haarausfall, TUB-BOV. hat kreisrunden Haarausfall, ganz große nackte Flecken vom Haarausfall. Bei der Rubrik unterscheiden, ob es eine Glatze (wenn es ganz blank ist) oder Haarausfall (fleckiger) ist, wo immer noch einige wenige Haare da sind.
ARSEN hat auch kreisrunden Haarausfall und dort eine schmutzige Haut.

Haarausfall

Frage: Kann man bei chronischer Arthrose RHUS-TOX. geben?
Antwort: Ja. RHUS-T. kann man bei einem chronischen Fall geben.

chronische Arthrose: Rhus-tox.

Frage: Wann kann man zwei Mittel gleichzeitig geben?
Antwort: Zwei Mittel werden gegeben, wenn beide Zustände im Vordergrund stehen.

gleichzeitige Gabe von zwei homöopathischen Mitteln

Frage: Welches Mittel macht "Beinahe-Unfälle"? Eine Frau träumt vom Geld Verstecken aus Angst vor Einbrechern. Ihr jetziger Zustand ist, daß sie dauernd Unfälle macht, d.h. sie ist immer dabei, etwas falsch zu machen. Sie reagiert auch nicht gleich, wenn sie angesprochen wird und scheint in einem Schockzustand zu stekken.
Antwort: PHOSPHOR, "reagiert nicht gleich". Bei der Angst vor Einbrechern denkt man gleich an NAT-MUR., aber PHOS. hat das auch. Man findet die Neigung, Unfälle zu machen im Repertorium unter der Rubrik EXTREMITÄTEN: *Ungeschicklichkeit.*

? Fragestunde

Eitrige Ohrlöcher

Eitrige Ohrlöcher: Lach. und Med.
Eitrige Ohrlöcher durch Goldohrringe etc.: auch Silicea.
Frage zum Fall Hexenschuß:
Arnica hat den Patienten mehr geschockt, als daß es geholfen hat. Er hat jetzt in allen Gelenken Schmerzen. Was ist zu tun?
Antwort: Das Mittel war falsch. Man muß eine gesamte Fallaufnahme machen.

Operationsvorbereitung

Operationsvorbereitung: Arnica
Bei Nervenverletzungen im Ohr kann man auch Hypericum geben.

Minderwertigkeitsgefühl

Beim Wesen "Ich bin nichts wert", Aurum geben. Die Bachblüte ist Larch.
Lyc. will Anerkennung in diesem Zustand; Aurum meint es ernst. Aur. macht keine Szene.

Schwierigkeiten beim Wasserlassen

Frage: Schwierigkeiten beim Wasserlassen; es geht dann, wenn Wind abgelassen wird.
Antwort: Pulsatilla und Sulfur. In den meisten Fällen haben wir Puls. gebraucht. Im Repertorium ist das Symptom unter *Blase* zu suchen.

wechselnde, krampfhafte Schmerzen in den Beinen

Frage: Der Patient nimmt Lyc. und hat folgende Beschwerden: Krämpfe in den Beinen nachts; wacht mit den Schmerzen zwischen Mitternacht und 6 Uhr auf; geht raus aus dem Bett, und die Schmerzen werden erst stärker und dann besser. Der Schmerz ist abwechselnd in den Beinen (links und rechts). Lyc. tut ihm gut.
Antwort: Andere Symptome und Modalitäten sind wichtig. Die Rubrik *ALLGMEINES - Bewegung bessert* kann man dazu verwenden. Sulf. ist sicher wichtig in diesem Fall. Wechsel der Seiten und Bewegung bessert.

Index

HOMÖOPATHISCHE RATGEBER

Ravi Roy und Carola Lage-Roy

Nr. 1

REISEN, AUCH TROPENREISEN

Der erweiterte Reiseratgeber wurde völlig neu überarbeitet und mit der gründlichen Behandlungsweise vieler Krankheiten ergänzt, z.B. Malaria, Hepatitis, Typhus, Gelbfieber, Chagas, japanische Meningitis, Rocky Moutains Fieber u.v.a. sowie kleinere Übel, wie Befall von Kritschi, Tropenschnupfen usw. Die neuesten Erkenntnisse sind in die Texte integriert worden. Randspalten und zahlreiche Abbildungen machen diesen Ratgeber zu einem übersichtlichen und praktischen Reisebegleiter. Als zusätzliche Lektüre eignet sich der Ratgeber bei Notfällen.
Fast um 100 Seiten erweitert.

Der neue Reiseratgeber ist auch als CD-ROM erhältlich.

Nr. 2

NOTFÄLLE

Die homöopathischen Möglichkeiten für eine schnelle und sanfte Erste Hilfe schildert dieses Heft. Auf vielfachen Wunsch wurde das Thema „Operationsbegleitung" ergänzt. Ferner wird eine sehr effektive Behandlung von Verbrennungen 3. Grades als eine sanfte Alternative zu Hautverpflanzungen vorgestellt. Das Heft eignet sich durch seinen umfassenden Inhalt und sein handliches Format auch als idealer Begleiter zum Ratgeber Nr. 1.
Weiteres aus dem Inhalt:
Wunden, Sportverletzungen, elektrischer Schlag, Atmungsnotfälle, Erfrierungen, Vergiftungen, Folgen von Sonne und Hitze, Insektenstiche, Zecken, Angina pectoris, Prophylaxe vor Zeckenbißenzephalitis und Borreliose. *71 Seiten*

Nr. 3

IMPFSCHÄDEN

Impfung stellt immer einen Anschlag auf das menschliche Immunsystem dar und kann zu schweren gesundheitlichen Schäden führen. Diese möglichen Impffolgen werden ausführlich u.a. von Dr. Buchwald geschildert und statistisch erfaßt. Aus homöopathischer Sicht wird aufgezeigt, wie sich die herkömmliche Impfung auf unseren Organismus auswirkt. Wir möchten vor allem Eltern darüber aufklären, was sie über die Impfung und ihre Kontraindikationen wissen sollten. Auch werden bereits Impfgeschädigte über rechtliche Möglichkeiten informiert.
Weiteres aus dem Inhalt:
Impfungen können die homöopathische Behandlung blockieren, Impfblockaden, schwere Impfschäden (Dr. Buchwald), Risiken des Tine-Tests, Impfstoffzusätze und Impffolgen, Rechtshilfe *72 Seiten*

Nr. 4

HOMÖOPATHISCHE IMPFUNG

Das Thema Impfen und die Risiken werden uns immer bewußter. Viele Eltern möchten ihre Kinder nicht mehr dem hohen Risiko von Nebenwirkungen und dauerhaften Schädigungen aussetzen. Andererseits wollen sie ihre Kinder auch nicht ungeschützt lassen. Die Homöopathie bietet eine bewährte Alternative für einen sanften Schutz vor Kinderkrankheiten durch Nosoden, Hauptmittel und spezielle Epidemiemittel.
Weiteres aus dem Inhalt:
Tetanusschutz, Hintergründe zur Hib-Impfung, Appelle gegen die Impfpflicht, Impffragebogen, Folgen einer MMR-Impfung, Bildung von Diphtherie-Antitoxinen nach homöopat. Impfung. *36 Seiten*

Lage & Roy

HOMÖOPATHISCHE RATGEBER

Ravi Roy und Carola Lage-Roy

Nr. 5

GRIPPE

Hier geht es um die Behandlung der echten Grippe (Influenza), die einen wesentlich schwereren Krankheitsverlauf hat als eine normale Erkältung. Eine wichtige Voraussetzung liegt in der Stärkung des Immunsystems. Der homöopathische Schutz vor Grippe, Ernährungs- und Verhaltensratschläge, die Rolle des heilsamen Fiebers, die sanfte und nebenwirkungsfreie Grippe-Behandlung sowie die Nachbehandlung werden in diesem Ratgeber erläutert.

Weiteres aus dem Inhalt:
Zungendiagnostik zur Mittelwahl, Wesen des tuberculinischen Miasmas, Risiken der Grippe-Schutzimpfung. *39 Seiten* 3. Auflage

Nr. 6

SCHWANGERSCHAFT

Durch die heutige Medizin fühlen sich Schwangere in zunehmendem Maße verunsichert. Gerade in der sanften und neben-wirkungsfreien Schwangerschaftsbehandlung liegt eine Domäne der Homöopathie. Es können eigene Schwächen bearbeitet werden, um dem Kind eine gesunde Basis für das Leben zu bieten. Die am häufigsten von Frauen gestellten Fragen werden beantwortet. Medikamente und ihre möglichen Folgen werden übersichtlich aufgeführt.

Weiteres aus dem Inhalt:
Häufige Schwangerschaftsbeschwerden wie Übelkeit und Durchfall, Risiken von Routineuntersuchungen, Ultraschall, Mikrowelle und Bildschirmarbeit, Fallbeschreibungen: Placenta praevia und Unterversorgung des Foetus, Ernährung. 3. Auflage *72 Seiten*

Nr 8

GEBURT

Der Wunsch nach einer natürlichen Geburt setzt sich immer mehr durch. Dieser Ratgeber möchte werdenden Müttern, sowie Hebammen und Geburtshelfern die nötigen Informationen geben, um diese Vorstellungen Wirklichkeit werden zu lassen. Die Homöopathie steht hier hilfreich zur Seite. Ausführlich wirde die Behandlung der „Eklampsie" geschildert.

Weiteres aus dem Inhalt:
Ernährung, Geburtsphasen, Hausgeburt, Gefahren der Routinemaßnahmen, Dammschutz, Kaiserschnitt, Steißlage, Wehenschwäche, Ultraschall, Toxoplasmoseschutz, Erfahrungsberichte. 3. Auflage *40 Seiten*

Nr.9

SÄUGLING-WOCHENBETT

Dieser Ratgeber wendet sich vor allem an junge Mütter und Väter, Geburtshelfer und Großeltern, die mit Rat und Tat der jungen Familie zur Seite stehen möchten. Alle wichtigen Beschwerden und Krankheitszustände des Neugeborenen und der Wöchnerin sind umfassend beschrieben. Das Thema „Stillen" und die damit verbundenen Probleme werden ausführlich behandelt. Die „Indische Wochenbettmassage" wird hier erstmals beschrieben. Sie stellt eine wertvolle Hilfe für die Wöchnerin nach der Geburt dar.

Weiteres aus dem Inhalt:
Nachwehen, Wochenbettfluß, Uterusrückbildung, Wochenbettdepression, Brustentzündung, Durchfall, Verstopfung, Urunverhalten, geburtsbedingte Verletzungen, Plötzlicher Kindstod, Rachitisprophylaxe, Gelbsucht, Erbrechen, Krämpfe, Schnupfen, Wundsein, Routineuntersuchungen, gesunde Ernährung, pflanzlicher Milchersatz, Impfen, die „Öleinreibung für das Baby".

Lage & Roy

HOMÖOPATHISCHE RATGEBER

Ravi Roy und Carola Lage-Roy

Nr. 10

KINDERKRANKHEITEN

Kinderkrankheiten dienen dazu, das Leben besser zu meistern und stärken das Selbstvertrauen. Dieser Ratgeber möchte Eltern und Therapeuten helfen, Kinderkrankheiten richtig zu verstehen und sie befähigen, den Heilungsprozeß mit homöopathischer Hilfe zu unterstützen. Empfehlenswert zu diesem Ratgeber ist die Broschüre Nr. 4 „Die homöopathische Impfung“.

Weiteres aus dem Inhalt:

Scharlach, Masern, Windpocken, Röteln, Mumps, Diphtherie, Keuchhusten, Pfeiffer'sches Drüsenfieber

3. Auflage *32 Seiten*

Nr. 11

ZÄHNE

Zahnverfall muß nicht sein! Dieser Ratgeber vermittelt Ihnen Informationen für die Gesunderhaltung Ihrer Zähne. Durch die ganzheitliche homöopathische Behandlung können Sie Karies und Zahnstein verhindern sowie Kieferfehlstellungen korrigieren. Schwerpunktmäßig wird auf die Kariesprophylaxe bei Kindern eingegangen. Außerdem zeigen wir, wie Amalgam auf sanfte und sichere Weise homöopathisch ausgeleitet werden kann.

Weiteres aus dem Inhalt:

Fluorproblematik, Angst vor dem Zahnarzt, Begleittherapie bei chirurgischen Eingriffen, Ausleitung von Betäubungsmitteln, schmerzlindernde Mittel, Versiegelung der Zähne, Zahn- und Mundpflege, Schutz vor Röntgenstrahlen, Amalgam und die möglichen Probleme, Symptome der Amalgamkomponenten, Ausleitung von Gold und Palladium

80 Seiten

Nr. 12

GRUNDLAGENWISSEN

„Similia similibus curantur“ - „Ähnliches wird mit Ähnlichem geheilt!“ In diesem Heft wird das Lebenswerk Samuel Hahnemanns gewürdigtund schildert seinen schweren und fruchtbaren Weg vom unzufriedenen Schulmediziner zum Begründer der Homöopathie. Die überarbeitete Ausgabe beinhaltet eine Einführung in die Grundlagen der Homöopathie und geht auf die immer noch bestehenden Vorurteile ihr gegenüber detailliert ein.

Weiteres aus dem Inhalt:

Lebensstationen Hahnemanns, die Ehe mit Melanie, berühmte Schüler, Anekdoten, eine homöopathische Kriminalgeschichte, Interview mit Hahnemann aus heutiger Sicht. (Vormaliger Titel „200 Jahre Homöopathie“)

96 Seiten

Nr. 13

RADIOAKTIVITÄT, OZON UND SONNE

Dieser Ratgeber, der nach Tschernobyl entstand, ist jetzt um zwanzig Seiten erweitert und aktualisiert worden. Er enthält neue Arzneimittelprüfungen über X-Ray (Röntgenstrahlen) und Plutonium sowie das ausführliche Arzneimittelbild von Radium bromatum, welches durch zahlreiche Fallbeispiele belegt wird. Angesichts der steigenden Ozonbelastung werden einige Mittel zum Schutz vor Sonne und Ozon aufgeführt.

Weiteres aus dem Inhalt:

Verschiedene natürliche Dekontaminationsmethoden, Strahlenschäden nach Krebsbehandlung, radioaktive Belastung in Haus und Garten, Ernährung und allgemeine Verhaltensmaßnahmen, Adressen von Meßstellen

5. Auflage *72 Seiten*

HOMÖOPATHISCHE RATGEBER

Ravi Roy und Carola Lage-Roy

Nr. 14
NEURODERMITIS

Die Neurodermitis hat sich in den letzten Jahren immer mehr verbreitet. Vor allem Kinder leiden oft sehr darunter. Die Homöopathie bietet Möglichkeiten, dieses als schwer heilbar geltende Leiden zu lindern und zu heilen. Auf den Einfluß von Impfungen, besonders der Polioimpfung, wird ausführlich eingegangen.
Weiteres aus dem Inhalt:
Allgemeine Maßnahmen und Tips bei juckenden Hautausschlägen, wichtige homöopathische Mittel, Zusätze in Lebensmitteln als Allergieauslöser, Interview: Homöopathie und klinische Ökologie, Erfahrungsberichte und Fallbeschreibungen 3. Aufl. *64 Seiten*

Nr. 15
IMPFFOLGEN UND BEHANDLUNG

Eine hochinteressante Lektüre für alle Menschen, welche die Polio- und Tetanusimpfung bekommen haben. Erstmals wird beschrieben, wie mit Hilfe der homöopathischen Nosoden-Therapie Rückschlüsse auf Impfauswirkungen auf den seelischen Bereich gezogen werden können. Viele Impfschäden werden als „leicht bezeichnet" und sind daher kaum zu beweisen. Hier werden Sie über die homöopathischen Möglichkeiten der Behandlung von Impfschäden informiert. Die Impfnosoden haben sich als wichtige Konstitutionsmittel herausgestellt.
Weiteres aus dem Inhalt:
Neue Arzneimittelprüfungen: Polio- und Tetanusnosode; Impfschäden wie z.B. Allergien, Neurodermitis, Autismus; BCG-Impfung; Neues über Pasteur *56 Seiten*

Nr. 16
MENSCH UND TIER

Dieses Buch über die homöopathisch Behandlung von Hunden, Katzen und Pferden erfreut alle Tierfreunde. Die wichtigsten Katzen- und Hundekonstitutionstypen werden herausgearbeitet, die Möglichkeit einer tiereiweißarmen Ernährung erläutert, die Impffrage und Wurmtherapie aus anderem Blickwinkel gesehen, über eine Begleittherapie bei Kastration und Sterilisation sowie über das Vermeiden von Verhaltensstörungen berichtet.
Weiteres aus dem Inhalt:
Miasmatische Grundlagen des Fleischverzehrs. Qualzüchtung; Ungezieferbefall; Fallbeschreibungen; LM-Potenzen in der Konstitutionsbehandlung der Pferde; die homöopathische Tollwutprophylaxe *160 Seiten*

Nr. 18
VÖGEL, GEFLÜGEL UND ZIERVÖGEL

Dieses Heft beinhaltet nicht nur die wichtigsten Krankheiten der Vögel und ihre homöopathische Behandlung, sondern er versucht auch, die Bedeutung der Vögel für uns Menschen neu zu beleuchten. Viele Hinweise, die wir hier für Züchter, Bauern und Tierheiler nennen, beruhen auf langjährigen Erfahrungen amerikanischer Geflügelzüchter, die die Homöopathie intensiv eingesetzt haben.
Das Geflügel wird heutzutage vielfach geimpft. Fleisch und Eier sind dementsprechend belastet. Nebenwirkungsfreie Alternativen zur herkömmlichen Krankheitsprophylaxe werden aufgezeigt.
Weiteres aus dem Inhalt:
Parasiten, Durchfall, Schnabelschwamm, Schnupfen, Allergien, Federrupfen, Seuchenprophylaxe auf Straußen- und Hühnerfarmen, spirituelle Erlebnisse *80 Seiten*

Samuel Hahnemann Samuel Hahnemann

Lage & Roy

Das Wunder der unsichtbaren Kraft

Erfahrungen einer homöopathischen Hausärztin
von Dorothy Shepherd

274 Seiten, DM 39,80
Lage & Roy, Verlag für
homöopathische Literatur, Murnau, 1995
ISBN 3-929108-20-8

Dieses Buch ist nicht neu verfaßt worden – Dr. Shepherd war eine Schülerin des hervorragenden Homöopathen Dr. J. T. Kent in Chicago und starb bereits 1952 – und es zeigt auch keine neuen wissenschaftliche Ergebnisse im Heilbereich Homöopathie. Die erste deutsche Übersetzung macht jedoch deutlich, wie viele Wunder das richtige homöopathische Mittel im richtigen Moment erzielen kann. Dieses Buch soll weder ein Lehrbuch der Homöopathie noch ein vollständiges Werk über klinische Homöopathie sein. Dr. Shepherd hat lediglich mehr oder minder zufällig herausgegriffene Erfahrungen, die in der Homöopathie verborgene große Wahrheit veranschaulichen sollen, gesammelt und Krankengeschichten in spannende Erzählungen mit teilweise eigenwilligen Pointen verwandelt.

Dieses Buch wendet sich an alle, die auf der Suche nach einer für sie stimmigen wahren Heilmethode für den Menschen in seiner Gesamtheit von Körper, Geist und Seele sind. Es gibt kaum ein vergleichbares Werk, das sich gleichermaßen an Leser wendet, die noch nie etwas von Homöopathie gehörten haben, wie auch an langjährige Therapeuten, die durch diese Lektüre wieder neu angeregt werden, auf dem homöopathischen Weg mit voller Kraft fortzufahren. Denn neben den unterhaltsamen Fallgeschichten liefert das Buch noch unendlich viel Detailwissen der homöopathischen Wirkungsweise und konkrete Angaben zur Mittelwahl mit den dazugehörigen Entscheidungshilfen zum Repertorisieren.

In der deutschen Auflage sind ferner die Kernpunkte der Fallgeschichten und der homöopathischen Wirkungsweise anhand von Randbemerkungen hervorgehoben, wodurch das umfangreiche Material Struktur erhält und späteres Nachschlagen erleichtert wird.

Dorothy Shepherd sammelte ihre umfangreichen Erfahrungen in ihrer Praxis und in Kliniken in den ärmeren Teilen Londons. Sie schrieb ihre Fälle so lebendig mit Herz und Seele, daß sie wie ein Stück lebendiges Wissen im Bewußtsein des Lesers verankert werden.

NEUERSCHEINUNGEN

A. und D. Pulford / Ravi Roy

Pneumonie

Lungenentzündung homöopathisch behandeln

1998, 192 Seiten, gebunden

In einer Zeit, in der die Menschen immer resistenter gegen Antibiotika werden, kommt der Behandlung der Lungenentzündung mit Homöopathie eine zukunftsweisende Bedeutung zu. Den Kern dieses Buches bildet eine Materia Medica, in der die wichtigsten Mittel bei Pneumonie von dem Ehepaar Drs. Pulford vorgestellt werden, die Ende des letzten Jahrhunderts gelebt haben. Ein übersichtlich angeordnetes Repertorium erleichtert vor allem im Notfall die Suche nach dem richtigen Heilmittel. Ergänzt wird das Buch durch eine Arzneimittellehre von den bekannten Homöopathen Farrington, Nash und Tyler.

Die Aufsätze von Ravi Roy über den miasmatischen Hintergrund der Lungenentzündung und die Rolle der Antibiotika verleihen dem Werk eine zeitgemäße Bedeutung.

Er gibt Therapievorschläge, wie man die schädlichen Folgen von Antibiotika abmildern und die Gesundheit nach einer Antibiotikabehandlung mit Hilfe der richtigen Ernährung und spezieller homöopathischer Mittel wieder aufbauen kann.

Herbert A. Roberts

Repertorium der Empfindungssymptome

Als-ob-Symptome in der Homöopathie

1998, 400 Seiten, gebunden

Dieses Repertorium der Als-ob-Symptome ist einzigartig, weil der Großteil der Symptome in keinem Index, auch nicht in den erweiterten Repertorien auf der Basis von Kent, die zum Teil nur auf Englisch zu erhalten sind, zu finden ist.

Nach einer genauen Repertorisation ist es manchmal nicht möglich, das geeignete Mittel zu finden, da mehrere in die engere Auswahl fallen. Wenn man jedoch die Als-ob-Empfindungssymptome beachtet, ist der Schlüssel für das Simile und die Heilung des Patienten viel schneller zu erreichen.

Es ist das umfangreichste deutschsprachige Repertorium der Als-ob-Symptome.

Lage & Roy

Kranke Kinder mit Homöopathie behandeln

Schwerpunktthema: Impfung

Behandlung der infektiösen Kinderkrankheiten, Durchfall, Verstopfung, Erkältungskrankheiten und Ohrenschmerzen.
13 Konstitutionsmittel für Kinder von der Säuglingszeit bis zur Pubertät werden ausführlich beschrieben.

Droemer Knaur Verlag, München
496 Seiten DM 24,90

Selbstheilung durch Homöopathie

Eine Anleitung zur Selbsthilfe für die ganze Familie von Zahnungsbeschwerden beim Säugling bis zu Angina pectoris beim alten Menschen, z.B. Erste-Hilfe-Maßnahmen, Erkältungskrankheiten, Ischias, Zahn- und Ohrenschmerzen, Neuralgien, Koliken, Schwangerschaftsbeschwerden, etc.

Droemer Knaur Verlag, 416 Seiten
Taschenbuch DM 14,90 geb. DM 36,-

VORANKÜNDIGUNGEN

Ravi Roy

Miasmen – Die Psora

Die Miasmen, die Grundursachen der Krankheiten, sind so sehr in unser Leben verflochten, daß man sie schwer als solche identifizieren kann. Hahnemann bezeichnete die Psora als die Mutter aller Krankheiten. Dieses Buch zeigt Ihnen die Entdeckung der Psora, ihre Entstehungsgeschichte, den geistigen Hintergrund und Hahnemanns Erläuterungen über sie.

Homöopathischer Ratgeber Nr. 19

Schulschwierigkeiten

Dieses Heft wendet sich an Eltern, Lehrer und Erzieher und zeigt anhand zahlreicher Arzneimittelbilder und Fällen auf, wie Kindern das Lernen mit Hilfe der Homöopathie erleichtert werden kann. Die Kernthemen sind Konzentrationsschwierigkeiten, Angst vor der Schule, Pubertätsprobleme, Depressionen, Rechtschreibschwäche, Schwierigkeiten in Mathematik.

Fordern sie unseren Gratiskatalog an. Alle Bücher sind zu beziehen über jede Buchhandlung oder direkt bei:

LAGE & ROY

Verlag und Buchversand für homöopathische Literatur
Hörnleweg 36, 82418 Murnau
Tel. 08841/44 55 Fax. 42 98

Das Ravi Roy - Lehr- und Forschungsinstitut bietet regelmäßig Homöopathie-Ausbildungen sowie Seminare für Fortgeschrittene an. Bitte fordern Sie unseren Veranstaltungskalender an.

Ravi Roy

Lehr- und Forschungsinstitut für Homöopathie
Hörnleweg 36, 82418 Murnau
Tel. 08841/26 99 Fax 42 98

Homöopathische Ratgeber

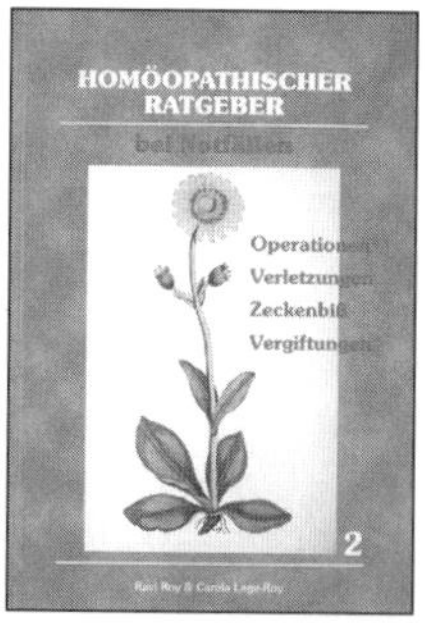

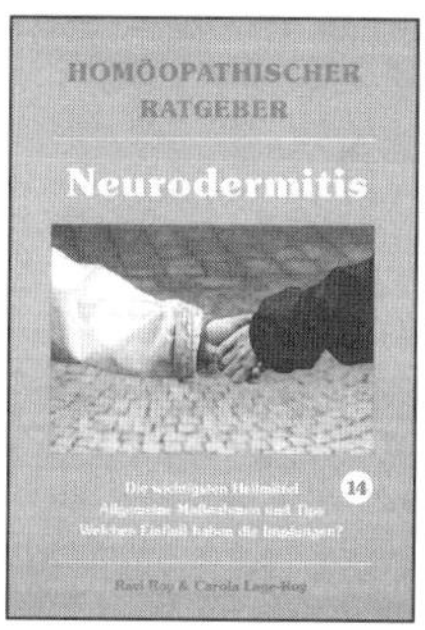